居室空间设计

/ Living Space Design

21 世纪全国普通高等院校美术 · 艺术设计专业“十三五”精品课程规划教材

The“13th Five-Year Plan”Excellent Curriculum Textbooks for the Major of

Fine Arts and Art Design

in National Colleges and Universities in the 21st Century

编 著 崔冬晖

辽宁美术出版社

Liaoning Fine Arts Publishing House

21世纪全国普通高等院校美术·艺术设计专业
"十三五"精品课程规划教材

总 主 编　彭伟哲
副总主编　时祥选　田德宏　孙郡阳
总 编 审　苍晓东　童迎强

图书在版编目（CIP）数据

居室空间设计 / 崔冬晖编著. — 沈阳 ：辽宁美术出版社，2020.8

21世纪全国普通高等院校美术·艺术设计专业"十三五"精品课程规划教材

ISBN 978-7-5314-8676-3

Ⅰ. ①居… Ⅱ. ①崔… Ⅲ. ①住宅－室内装饰设计－高等学校－教材 Ⅳ. ①TU241

中国版本图书馆CIP数据核字（2020）第109068号

出版发行　辽宁美术出版社
经　　销　全国新华书店
地　　址　沈阳市和平区民族北街29号　　邮编：110001
邮　　箱　lnmscbs@163.com
网　　址　http://www.lnmscbs.cn
电　　话　024-23404603
封面设计　彭伟哲　王　楠　孙雨薇
版式设计　彭伟哲　薛冰焰　吴　烨　高　桐

印制总监
徐　杰　霍　磊

印　　刷
辽宁鼎籍数码科技有限公司

责任编辑　彭伟哲
责任校对　郝　刚
版　　次　2020年8月第1版　2020年8月第1次印刷
开　　本　889mm × 1194mm　1/16
印　　张　5.25
字　　数　160千字
书　　号　ISBN 978-7-5314-8676-3
定　　价　49.00元

图书如有印装质量问题请与出版部联系调换
出版部电话　024-23835227

目录 contents

前言 >>

室内设计在中国发展近三十年来，经历了跌宕起伏的发展过程。这其中，人们对于室内设计的概念与理解，以及对于风格的认识与接纳，经历了复杂而深刻的变化。近几年，室内设计教育的快速发展，带来了室内设计教学的变革与思考。

中央美术学院建筑学院室内设计专业是中央美术学院建筑学院设立的教学机构之一，承担室内设计专业方向的专业基础课程教学及组织协调各专业课程。室内设计专业是培养掌握建筑相关专业知识，在重视空间意识的同时，更强调环境设计中人文环境的准确表达与艺术形式的创新人才。室内专业强调以中央美院深厚的历史与人文底蕴为依托，在建筑学院良好的专业技术与专业设计能力的氛围之下，扩充自身的专业知识与专业精神。

本书所介绍的课程——居住空间室内设计是室内设计教育基础课程之一，课程已经在中央美术学院建筑学院教授了4年，其间经历了数次微调，依附于中央美术学院良好的人文沃土、艺术氛围，又构建在建筑学院的浓厚建筑教学系统之下，本课程的学生作业都非常的优秀，期望本书对于课程的介绍与分析，以及对于学生作业的剖析，能够为室内设计教育起到添砖加瓦的良性作用。

在此，要特别感谢出版社与学院的相关领导与老师，是你们让本书得以面世。还要感谢本书中出现与没有出现的同学们，是你们让这一课程变得丰富多彩。还要特别感谢韩文强老师的部分段落参考指引，孙肇晨、唐寅丰、张源沛、禄龙等几位同学的大力帮助。

因时间匆忙以及水平有限，收集整理工作与编写工作难免会出现纰漏，望大家给予批评指正。

崔冬晖

2009年11月于中央美院

第一章　课程定位与基本介绍

第一节　室内专业在学院中的定位

中央美术学院建筑学院室内设计专业，是中央美术学院建筑学院设立的教学机构之一，承担室内设计专业方向的专业基础课程教学及组织协调各专业课程。室内设计专业是培养掌握建筑相关专业知识，在重视空间意识的同时，更强调环境设计中人文环境的准确表达与艺术形式的创新人才。室内专业强调以中央美院深厚的历史与人文底蕴为依托，在建筑学院良好的专业技术与专业设计能力的氛围之下，扩充自身的专业知识与专业精神。

本专业在全面考虑到中央美院学术背景的情况下，正朝着培养出有设计能力、有专业知识、有审美能力、有整体设计协调能力的，适合于社会的优秀室内设计专业设计师的方向努力。随着人们对室内生存环境的高度重视，本专业将有广阔的发展前途。

未来室内设计专业将进一步完善设计教学体系的系统性及连续性，进一步加强与社会合作，拓展与国内外院校的交流，进一步探讨技术类课程在设计主干课程中的切入与整合，同时进一步尝试艺术原创性与室内设计的融合。

本专业希望培养能从事室内设计、展览设计以及教学、科研工作的专门人才，培养学生具有较全面的文化艺术修养、较强的设计能力和实施能力，并具有较好的手绘和计算机辅助设计能力。学生毕业后主要面向室内装饰设计公司等企事业单位从事设计与研究工作。本专业以培养掌握建筑学相关专业知识，在重视空间意识的同时，更强调环境设计中人文环境的准确表达与艺术形式的创新人才为目标。通过基础设计课程加强学生的设计能力与设计思维能力；通过设计表现课程加强学生的设计表达能力；通过理论课程加强学生的审美能力与专业理论知识；通过技术类课程加强学生的专业技术能力与现场设计协调能力。最终培养出适合社会需求的优秀室内设计专业设计师。

综上所述，本专业的最终培养目标为：培养出适合社会需求，拥有创意能力与实践能力并重，审美能力与专业技术知识并存的优秀室内设计专业设计师。

从当下室内设计师的知识框架与就业情况综合来看，我们希望本专业的学生能够毕业后处在室内设计人员构成金字塔中的中上层，能够很好地在设计工作的各个阶段掌握相应的专业知识。

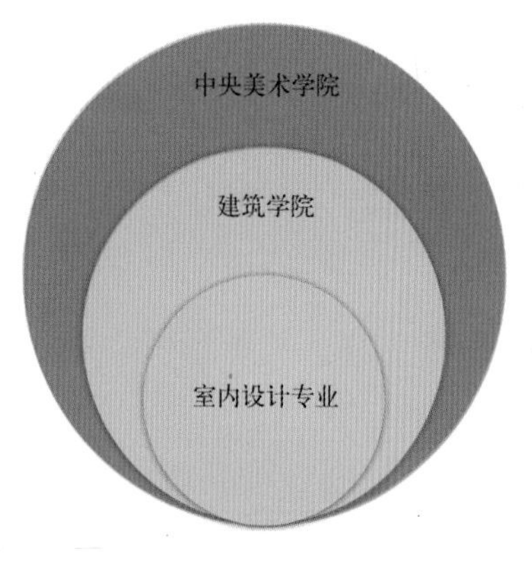

图1-1 室内设计师专业知识结构示意图

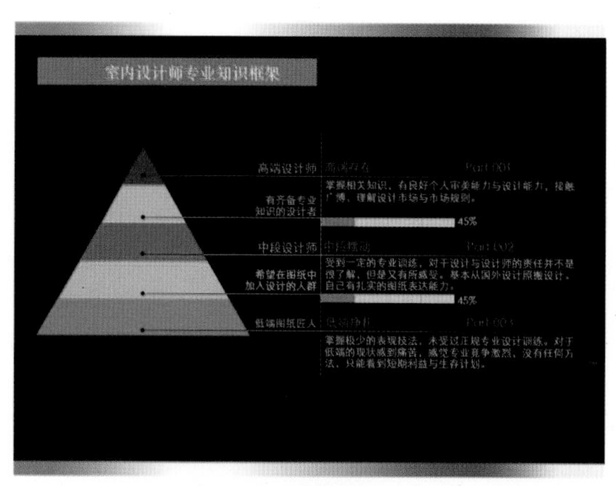

图1-2 室内设计师专业知识结构示意图

第二节　室内设计师的知识结构

根据以上的培养方向与目标，我们总结出室内设计师需要的相应专业知识结构，以此结构作为整个课程框架的构建基础。

室内设计师作为室内空间设计这一综合性设计的执行者，必须拥有综合与完整的设计能力与过人的协调能力。室内设计师是通过自身所受到的教育与经验，拥有了对于室内空间的设计能力，与相应的表达与沟通能力，完成设计任务的工作者。

在室内空间设计还没有十分发达的时代，很多艺术家、雕刻家、石匠或者是工艺美术者，他们和建筑师或单一或集团性地进行着这一设计行为，将建筑围合成的空间进行有目的与有计划的装饰与设计。随着人类文明与技术的发展，以及社会意识形态的提升，室内空间设计渐渐成为一门综合性的独立学科。

在现代，这一设计的专业性越来越强，学科交叉也越来越多，以前仅靠经验与感觉的设计，成功率越来越小。因此室内设计师所要掌握的能力也就越来越多，也越来越专业化。在本章节中，对于室内设计师所要掌握的知识体系将系统地进行描述。[①]

一名合格的室内设计师，需要具备的主要知识体系应该有三大块，他们包括室内设计相关专业知识能力、室内设计师的个人审美能力、室内设计的表达和实施能力。之所以加上良好的性格与健全的人格，是因为除了具备专业性的知识之外，设计师更应该是一个易于和人沟通和交流的人，在社会压力逐渐增加的今天，良好的性格与健全的人格，甚至可能是决定设计师成败的关键。

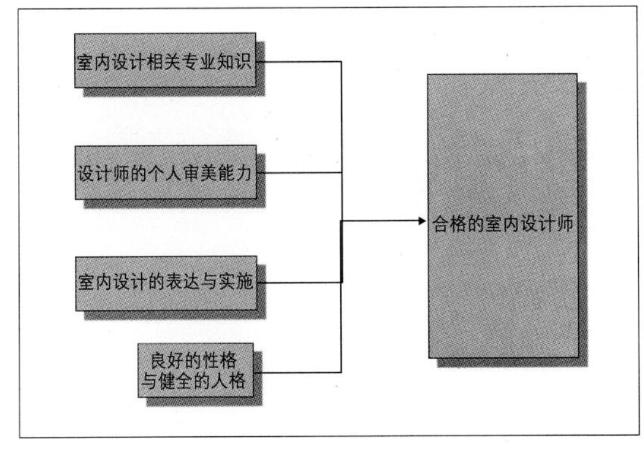

图1—3

一、室内设计相关专业知识

室内设计相关知识当中，室内材料学、室内声学、室内色彩学和光与光环境学属于室内物理性学科的一部分。在室内空间划分越加详细、功能要求越加多样、同时专业知识日渐复杂的今天，学生对于这几门室内物理学学科是必须要有所了解与掌握的。其中，光与光环境学和色彩学是新近几年才开始发展的新兴学科，光与色彩在室内空间中会对于人的心理产生强大的影响。

建筑与室内结构学是一门基于建筑结构为基础的学科，通过对于建筑本身结构条件的理解和深化，学习者可以很快地掌握建筑的特点，并对其室内围合空间有更加翔实与贴切的空间感受与空间想象，这对于室内设计师来说，无疑是一个重要的知识要点。另外，对于建筑外空间与内空间的结合与改造的可行性，都是一种理解的捷径。

图1—4　《colors》　PAGEONE

① 《室内设计概论》主编：崔冬晖，邱晓葵，杨宇，韩文强等 出版社：北京大学出版社

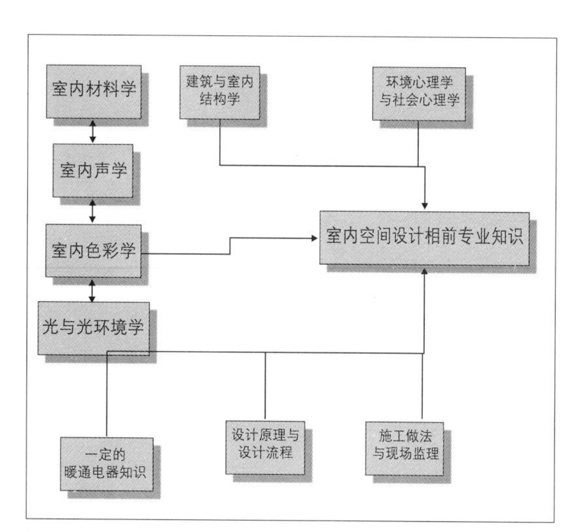

图1-5

图1-6 基于建筑与室内结构学的课程，学生所制作的模型——李志强

图1-7 基于建筑与室内结构学的课程，学生所制作的模型——李志强

图1-8 基于建筑与室内结构学的课程，学生所制作的模型——李志强

在学习这一课程中，非理工学科的学生，可能除了书本上的知识外，制作模型也是对这一科目学习的重要途径。②

认知心理学家赫伯特·A西蒙在他的理论体系中已经提出：无论你身处室内或室外，环境对于人的心理起到了决定性的作用。在上一个章节中，我们也试图分析了在一个办公空间中，周围的墙壁、桌椅的摆放与室内空间环境的形式，决定着人采取社会行为的动作与心理感受。这一简单的例子就是在强调，环境心理学与社会心理学对于室内空间设计的重要性。室内空间设计刚刚在国内兴起的时期，我们往往过于注重表现图纸的重要性，而空间当中家具和围合的很多距离数据往往取决于设计师的经验，这难免会出现很多的偏差。尤其是在公共室内空间中，空间的诸多定义是随着建筑体的形式、使用频率、使用人群的不同而随时变化的。所以一个理论依据往往在这个时候显得特别重要。环境心理学与社会心理学正是一门提供这一依据的重要学科。

设计原理与设计流程是设计管理当中的一个部分，掌握好设计流程，是从宏观上控制室内空间设计工程成败的关键。在下一小节中，我们会有进一步的描述。

总之，室内设计相关专业知识是室内设计师进行工作的重要知识体系，是设计深入的重要理论支撑，它是室内空间设计理论体系中的重点。

二、设计师的个人审美能力

没有一本教科书或者是参考书敢于说，读

② 《室内设计概论》主编：崔冬晖，邱晓葵，杨宇，韩文强等 出版社：北京大学出版社

完这本书你就会有高于常人的审美能力。这是因为，良好的审美能力是要通过扎实的美学知识、个人广博的眼界和长年累月的审美积淀所培养出来的。单单读一本或两本书，是解决不了问题的。

另外，在时尚元素快速变化、媒体盛行的当今时代，审美这个词已经变成为一个边界模糊、多次定义的词语了。在这里，我们不会尝试给予审美一个极其标准的解释。而是要强调，良好的品位与审美能力对于一个室内空间设计师来说是何等的重要。

个人审美能力可以说直接决定了设计师设计作品水平的高低。而室内空间设计又是一个多种类媒介混合的设计门类，单以居住空间设计为例，除了做好空间之间的设计围合之外，饰品的选择、家具的选型、灯具的搭配甚至植物的选择，都会直接影响到这一室内空间的品质，以及使用者的心情。更不要说，设计整体空间色调以及空间规划这些重要的设计内容中，审美能力的重要性了。

三、室内空间设计的表达与表现

上边两个小节中阐述的都是知识框架中的内容，第三小节中的内容则是表达框架的内容，知识框架好像台词，表达框架好像语言，只有好的台词，加上流畅的语言，才会是好的戏剧，来吸引观众，并让观众与你产生共鸣。

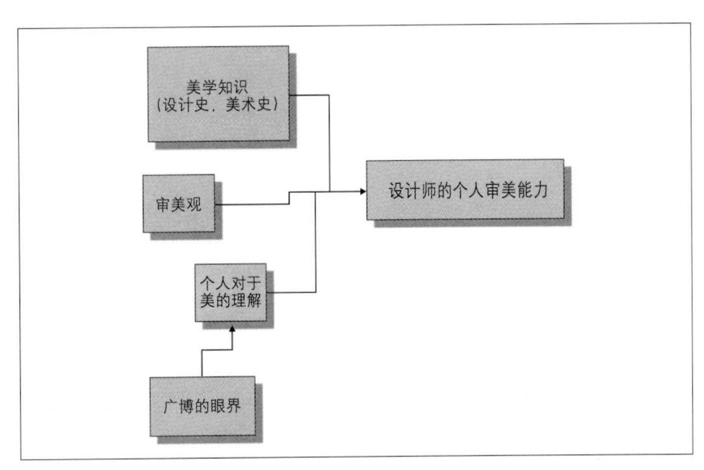

图1-9

图1-10 美学知识与建筑室内历史类知识的学习与归纳，也是审美培养的重要渠道——李志强

设计需要通过表达和业主沟通。只有良好的沟通才会让设计达到一定的高度。

室内空间设计的表达主体上有草图表达（表达自己的创意和概念，与甲方或业主现场沟通）、正规效果图表达（创意完善，推进设计进程）、CAD制作与表达（完善设计，细化设计与实施设计）三个部分。另外，文字的整合能力与语言阐述的

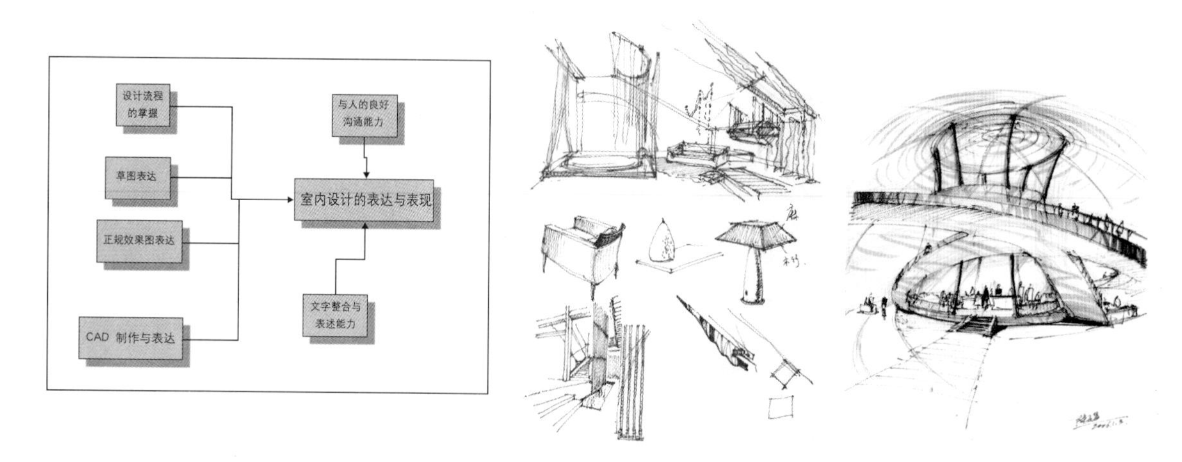

图1—11 电脑效果图可以将空间更加准确地模拟出来——游秀星

逻辑性和感染性都是设计师表达与表现能力的体现。③

根据以上的专业知识结构分析，我们设置了相应的对应设计课程与训练课程。以设计思维训练+实际技术训练的模式，深化学生的设计能力。而室内设计1——居住空间室内设计就是这一体系中的第一门专业设计课程。

第三节 居住空间室内设计课程介绍

目的：作为室内专业课程第一个正式设计课程，在本课程中除了较系统地讲授居室室内空间的分类，设计流程和历史发展外，也将适当地加入一些应用性课程内容，以此增强学生对于理论和实际专业知识的结合。

③《室内设计概论》主编：崔冬晖，邱晓葵，杨宇，韩文强等 出版社：北京大学出版社

目的一：通过讲解和辅导，对居室空间（住宅）的概念和居室空间（住宅）设计拥有基础的认识和感性的体会。同时将对居住空间（住宅）设计的流程与专业要点进行讲授与分析。在课程最后将对学生进行室内空间识别的小测试，以便为展开以后的课程做准备，同时让学生对于室内设计有初步整体的了解与认知。

目的二：对于居室室内设计的基本要素与设计步骤和相关要素进行讲解，概括居室室内设计的要素，要求学生掌握室内设计流程与设计的基础方法。

时间安排：6周（每周6课时）

课程实施时间：2004年——2009年（5年）

课程教授学生组成：二年级学生 425人

三年级学生 112人

课程教授方式：作为室内设计专业第一个设计课程，课程对于住宅空间的基本原理，历史发展和现代的发展方向及态势做了完整而细致的讲解。在理论知识讲解的同时，对于设计流程与整个室内设计的专业进行初步的讲解。从方法上，采用以讲解幻灯片与文字性描述和图表为课程主要讲解手段。之后给予学生自学与自修的时间，并给予学生一个真实的楼盘内容，让学生模拟购买人情况，以虚拟的姿态完成这一设计作业内容。最终设计成果物基本与实际要求内容相符，希望通过拟真的作业要求，让学生通过这一课程理解室内设计基础范畴、设计流程、成果物要求等知识要点。

课程具体时间安排：

1.居室空间概念基础

目的和内容：通过讲解和辅导，对居室空间（住宅）的概念和居室空间（住宅）设计拥有基础的认识和感性的体会。同时将对居住空间（住宅）设计的流程与专业要点进行讲授与分析。

在课程最后将对学生进行室内空间识别的小测试，以便为展开以后的课程做准备。

方法：电脑演示图片，相关讲解

讲课时间：第一课程周（周一上午3学时）

2.居室室内设计基础

目的：对于居室室内设计的基本要素与设计步骤和相关要素进行讲解，概括居室室内设计的要素，强调设计流程与设计的基本方法。

方法：电脑演示图片，相关讲解

讲课时间：第一课程周（周四上午3学时）

3.设计及调研

目的和要求：根据前阶段的讲解和介绍，发布作业内容，学生进行相应的课题制作。

方法：在老师的指导下，选定方案，正式按比例绘制设计图纸及相应效果图。

讲课时间：第三课程周至第五课程周（周一、四)含中期发表

4.课程总结，讲评

目的：听取学生对本课题的意见和建议，并对学生完成的作业进行全面的展示，相互观摩点评。

要求：按时完成作业，以便相互观摩，并对本课题进行总结。最后由老师评分，结束全部课程。

讲课时间：第六课程周（周四上午3学时）

[复习参考题]

◎ 将要求学生调研一个人（可以是自己也可以周遭的朋友）生活状态并选择本市一个实际楼盘，结合对于使用者的分析与使用要求调研，进行相应室内设计。要求学生根据户型的基本情况模拟户主个人情况，完成一整套室内设计方案。（表达方式不限）

具体内容包括：使用者工作生活情况分析与个人爱好分析报告

基础设计意向

功能分析

设计草图（不少于15张）

总平面一张

主要视角效果图三张

最终设计说明

汇报用ppt文件

第二章　概念基础与设计基础

第一节　室内空间的概念①

一、宏观的空间概念

空间是设计师的最基本素材。空间是一种客观存在，在空间中我们可以移动身体，看到形状、听到声音、闻出气味、感受到风和暖阳。空间又是无形的和扩展的。我们对于空间的感受，主要来自于空间之中实体元素之间的复合关系。点、线、面、体等实体几何元素可以被用来围合和限定空间，在建筑上，这些基本元素就变成了柱子、梁以及墙面、地板和屋面等，它们被组织起来形成建筑外形，并界定了室内空间的边界。建筑实体和其围合而成的空间是一个有机体，两者互为依存。我们的祖先曾对此进行了准确的阐述："凿户牖以为室，当其无，有室之用。故有之以为利，无之以为用。"老子的话既包含了"有无相生"的辩证论点，也揭示出我们利用物质材料和技术手段营造房屋的根本目的，不是门、窗、墙等实体有形部分，而是"无"的部分也就是空间，来容纳人类的生活内容。

人类是从近代才建立起空间的意识，才意识到创造空间是建筑活动的主要目的和基本内容，室内空间随着人们空间意识的变化而不断发展演变和丰富。在早期文明时代，那时人们理解建筑更习惯于注重实体本身，如古埃及金字塔、古希腊建筑等，都只是注重其雕塑般的实体外表的处理，并没有更多地顾及其内部的适宜和完善。空间概念的第二阶段出现于世纪转折之际，古罗马的万神庙第一次展现出令人惊叹的宏大的室内空间，室内空间由此步入历史，从基督教具有的高直高耸的空间，到文艺复兴时期亲切宜人的空间，再到巴洛克动态空间，空间形态进一步丰富，但此时的建筑外部形式与内部空间仍呈现分

图2—1古埃及金字塔

图2—2　古罗马，万神庙室内。

图2—3　巴塞罗那，国际展览会德国馆室内。

图2—4　西班牙，古根海姆博物馆室内，弗兰克·盖里设计。

---

①　《室内设计概论》主编：崔冬晖，邱晓葵，杨宇，韩文强等　出版社：北京大学出版社

离状态。空间概念的第三阶段产生于1929年密斯·凡德罗设计的巴塞罗那国际展览会德国馆，空间终于从封闭的墙体中解放出来，出现了内外流动连续的空间，此后空间的创造以物质和精神功能的双重要求，进一步突破箱式空间的限制，打破室内外及层次上的界限，而着眼于空间的延伸、交错、复合、模糊等多种的空间创造。纵观历史，室内空间呈现出由简单到复杂，有封闭到开敞，由静态到动态，由理性到感性转换的态势。

当代室内空间设计更强调空间环境整体系统的把握，综合运用建筑学、社会学、环境心理学、人体工程学、经济学等多学科的研究成果，将技术与艺术手段紧密结合进行整合设计。室内空间设计中心已从建筑空间转向时空环境（三度空间加上时间因素），以人为主体，强调人的参与和体验；对建筑所提供的内部空间进行调整和处理，在建筑设计的基础上进一步调整空间的尺度和比例，解决好空间与空间之间的衔接、对比、统一等问题。室内空间设计是一个完善空间功能布局、提升空间品质的过程。不管室内设计的性质如何，我们应考虑满足以下的室内空间设计标准：实用、经济、美观、独特。实用是指满足使用功能，即创造使生活更加便利的环境，如满足遮风避雨、避寒暑等最基本的要求，以及根据空间的功能特点和人类的行为模式进行相应的区域划分，使其形成合适的面积、容量以及适宜的形状；经济指在选择和使用材料时，设计方案应自然、经济，仅靠高档和昂贵的材料堆砌并不能形成好的空间设计，要根据使用者的经济承受能力，尽量以较少的投入发挥最大的空间效益；美观是要求空间能够满足一定的精神和审美需求。利用空间的各种艺术处理手法，使我们的眼睛以及感觉器官获得美学上的享受；独特指根据人的个性化要求，利用空间形态对人的心理反馈作用强调某种形象，向空间的使用者和体验者传达某种信息，使其具有深刻的形式内涵。

二、室内空间与建筑空间

一旦进入室内，我们就会感觉到被建筑的墙

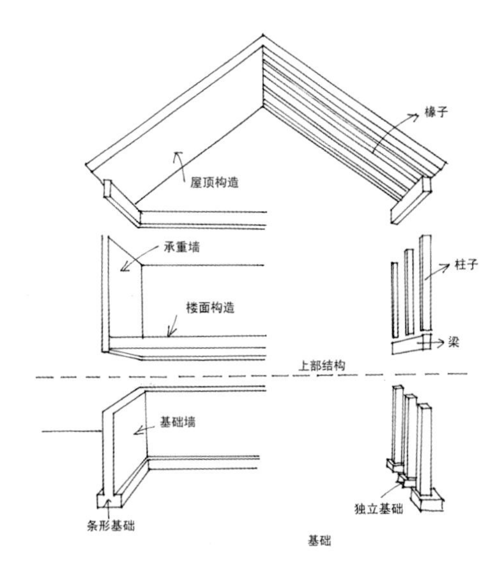

图2-5 建筑结构系统

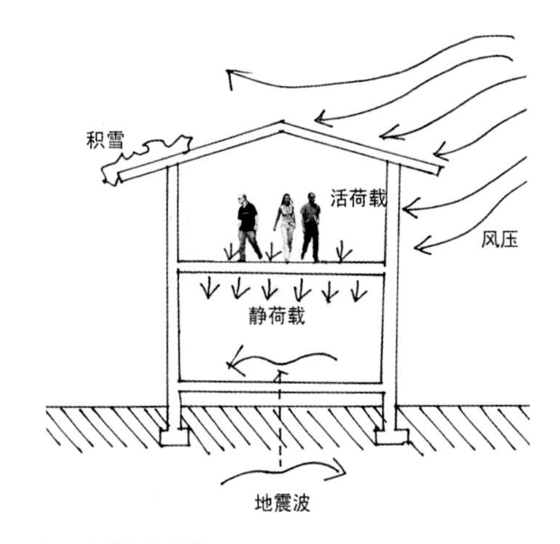

图2-6 建筑物的荷载

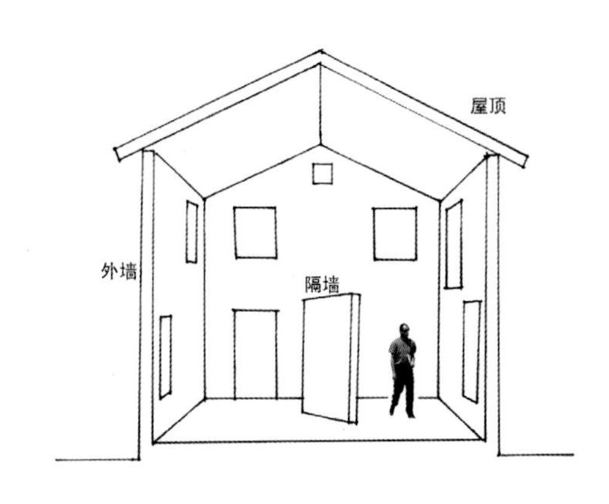

图2-7 建筑围护系统

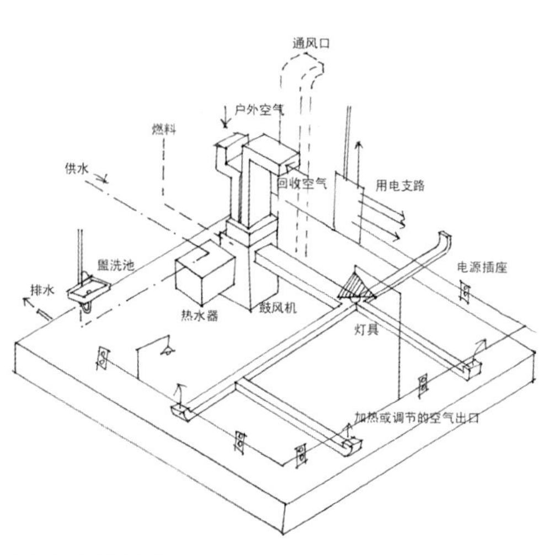

图2-8 机械和电气系统

面、顶面和地面等实体界面围护着，这些建筑元素形成了室内空间的物质边界。我们的一切设计都是围绕这个固定的建筑空间展开，因此明确建筑物的结构和围护系统是室内空间设计展开的基础条件，有了这样的理解，设计者就能有效地选择一个要做的、要深化的或者提供一个与建筑空间基本品质相对应的事物。

大多数建筑物由地基系统、上层结构和围护系统构成，此外机械和电气系统也为室内空间提供必要的环境调节。建筑物的基础是地基系统，它将建筑物牢牢固定在地基上，并支撑着上部各种建筑构件和空间；上部结构包括楼地面、墙壁、柱子、屋顶等。它们承受着三类荷载：静荷载包括建筑结构和非结构组成成分的重量，含所有固定设备；动态荷载包括使用者、可移动设备和家具以及雪；活荷载包括风力、地震力等。建筑的围护结构包括外墙、窗、门、屋顶以及进一步划分和界定空间的隔墙、吊顶等，它们将室内空间从外部环境隔离开来，通常只承受自身的重量。机械和电气系统包括通风、空调、供暖、电力、供水等设施，它们通常是隐蔽起来的，但设计师要考虑暴露在外的灯具、线路、通风装置、回水装置等室内环境设备，以及风道、水管、电线在水平和竖向上所要求的空间。

建筑物的各类系统形成了室内空间的基本形态，如何有效地利用空间、如何根据使用者的个性化要求进行调整和改造，是室内设计的一个最重要的内容。因此，室内空间设计是建筑空间的深化和再创造的过程，室内设计师既要考虑其建筑特色，又要考虑潜在的改造和增建的可行性。根据室内空间的具体功能和形式特征要求，室内设计师可以改变原有建筑空间边界，通常包括去除或添加墙壁，以改变空间的形状并重新安排现存空间的样式或添加新的空间，也可以对建筑空间进行非结构性改善和调整，包括利用色彩、光、质感来调节空间氛围等。

建筑设计与室内设计对空间的关注、考虑问题的角度与处理空间的方法有别，建筑设计更多地关注空间大的形态、布局、节奏、秩序与外观形象，不可能面面俱到地将内部空间一步设计到位。室内设计与建筑设计是相辅相成的，是对建筑设计的延续与发展。建筑设计形成室内空间是室内设计若干程序的设计基础。

三、室内空间与人的感受

相对于外部空间来说，室内空间与人的生活和各种行为有着更为密切、更加直接的关系。现代室内空间设计已不再仅满足于人们对视觉上美化装饰的要求，而是综合运用技术手段、艺术手段创造出符合现代生活要求、满足人的心理和生理需要的室内环境。

(一)空间的感知

人们通过触觉、听觉、嗅觉、视觉感受到室内空间环境质量。人对空间的感知方式要求室内设计不但要满足人体的舒适性，而且要为感觉器官的适应能力创造良好的环境条件，这就涉及对色彩、光线、温度、湿度、声音、质感等环境要素的设计思考。比如一个报告厅的室内环境如通风考虑不周，则数百人的聚集势必造成空气污浊，影响了人的生活质量。再如观众厅设计忽略了声学要求而用材不当，造成音质达不到听觉的舒适度，也会直接导致设计失败等。

人通过在室内空间中的活动获得空间的整体

印象，这就需要空间中存在秩序和相互和谐的关系。过分统一势必造成单调乏味，而过分烦琐有意于使人产生混乱之感，因此良好的室内环境也是这种复杂和统一之间的均衡结果。我国古典园林常通过空间的过渡、空间的分隔与对比、空间的开敞和封闭、视线的引导与暗示等手段使人们体验空间，将大自然的声、光、色、味与人工设施、装饰图案与情趣融为一体，充分展现了人类空间知觉的丰富多彩。

(二)空间的属性

人对空间形式的心理感受，如空间开敞与封闭、动与静、公共与私密等显示出空间与人的心理反应具有对应关系。根据这种对应关系，我们可以设计出满足人的不同情感需要的空间。

1. 开敞与封闭

空间的开敞和封闭主要取决于周边界面的围合程度、洞口的大小等因素。随着实体围护限定性的提高，空间的封闭性逐渐增强。

封闭空间是用限定性较高的实体包围起来的空间。它具有很强的区域感、私密性和安全感，给人以温馨、亲切的感觉，是最为基本的空间形式。开敞空间是外向性的，限定度和私密性较小，强调空间与外界环境的相互交流相互渗透。和同样面积的封闭空间相比，要显得大些、开放些。开敞空间经常用做室内外空间之间的过渡空间，具有流动性和趣味性。

2-10 静态空间

图2-11 动态空间

图2-9 开敞空间

2. 动态与静态

动态空间通过空间的开合与视觉导向性，

图2-12 共享空间

给人以运动感。空间中往往采用动态韵律的线条、连续组织的界面（如曲面等）或者对比强烈的图案或色块，使视觉处于不停流动状态，空间方向感较明确。也可利用一些动态元素（如活动的设施：电梯、自动扶梯、旋转地面、活动雕塑等），引导人们从“动”的角度观察周围事物产生运动的空间感受。可以利用自然景观（如瀑布、喷泉等）、变幻的声光（如优美的音乐、丰富变化的灯光效果等）来形成运动景象，给空间增添动态特征。

静态空间通过饰面、景物、陈设营造静态的环境特征，给人以恬静、稳重之感。空间的限定度较强，趋于封闭型；空间及陈设的比例、尺度相对均衡、协调，无大起大落；多为对称空间，除了向心、离心外，少有其他的空间倾向，从而达到一种静态的平衡；有的为尽端空间，作为空间序列的终点，私密性较强；空间以淡雅、柔和、简洁为基调。

3. 公共与私密

空间的公共和私密涉及空间领域感的差别，与空间的可进入程度、管理形式、使用者和维护者有直接关系。由于人的行为的多样性，从个人空间到公共交往空间有一系列的私密性等级，可利用不同的限定方式和空间氛围营造手段达到限定空间领域性的目的。

私密空间一般界线明确，是领域感较强的封闭型空间，使用人数较少，具有鲜明的个人特征。公共空间较为开放通透，使用人数多，空间也相对灵活。所谓共享空间指一些大型公共建筑内的公共活动中心和交通枢纽，是一种综合性、多功能的公共空间。这类空间区域界定灵活，大中有小；内外交融、互为共享，从而满足人的选择与交流的心理需求。

(三)空间形式的个性化

现代生活的多层次是基于人们丰富物质和精神生活的需要。室内空间设计不但要考虑人的心理感受，还要注重不同人的心理特征。如有人喜欢追求华贵艳丽的室内观感、有人偏爱清淡素雅的格调等。我们要分别研究空间的使用对象的个性、气质、性格、兴趣、生活方式、职业特点等因素，力图创造适合于使用者的个性化空间，避免千篇一律的标准化设计。如教师之家可能会突出书香门第的环境气氛，而艺术家之家则可能会运用色彩对比、艺术作品突出主人的情趣。对室内空间形式多样性的认知会利于我们寻求空间变化的突破口。

1.结构空间

结构空间的特点是通过全部或部分暴露建筑

图2-13 结构空间

图2-14 3号住宅，艾森曼设计

图2-15 美术馆中庭空间，贝聿铭设计

物原有结构，使人感悟结构构思以及建造技术的内在空间美。有些具有一定美感的结构构件，其本身就带有某种装饰性，会带给人一种质朴的结构美。若能充分利用合理的结构本身会为空间创造提供明显的或潜在的条件。随着新技术、新材料的发展，人们对结构的精巧构思和高超技艺有所接受，从而更增强了室内空间的表现力与感染力。

2.交错空间

交错空间的特征是由于打破常规界面和层次，空间中各层之间相互交错穿插、垂直界面分离错位、不同空间交融渗透。如艾森曼的住宅设计，由两个互成角度冲突交叉和叠合的立方体形成，室内空间成为全白色的直线形雕塑的抽象研究。贝聿铭设计的美术馆中庭则利用立体交通设施的相互叠合，既便于组织和疏散人流，又具有较强烈的层次感和动态效果，也可增加很多情趣。

3.隐喻空间

隐喻有暗示联想之意。隐喻空间的特点是通过象征手法从造型上易于为人们所理解，寓意于人们的联想之中，引发人们的情感共鸣。如汉斯霍莱因（Hans Hollein）设计的奥地利旅游局办公楼，其玩具形的构件象征了不同的旅游目的地——柱子的片段使人联想到罗马和希腊；一个花园凉亭以及最明显的金属棕榈树是暗示奇异的热带和沙漠地区的景色。

图2-16 隐喻空间

4.迷幻空间

迷幻空间的特点是追求神秘、幽深、新奇、动荡、变幻莫测的空间效果。在设计时，往往背离习惯性，利用扭曲、旋转、错位等手法对现有的规矩空间进行变化，利用镜面的幻觉在有限的空间中创造无限的、荒诞古怪的空间感，强化一种虚幻与真实并存，亦真亦假的梦幻氛围。

人塑造了空间，空间又影响着人的感觉和行为。在设计中要注重空间感知的活力将使我们的室内空间环境更充实、更有意义并有利于人性化的空间展现。

图2–17 德国电影博物馆室内，通过镜子和光线的运用营造出梦幻氛围。

第二节 室内空间的设计基础

“设计基础”以抽象的方法阐述室内空间中的一些基本问题，它广泛地应用于设计之中，并超越了具体而特殊的设计概念。室内空间可以看成是由点、线、面、体占据、扩展或围合而成的三度虚体，具有形状、色彩、材质等视觉因素。各元素间不同的组合关系形成特定的空间形态。室内空间的形式法则涉及实体与空间元素间的组合关系，如尺度、平衡、韵律、和谐等诸多问题，研究和运用这些规律对设计实践的思维结构很有帮助。当然，任何“法则”都不可能直接产生优秀的设计方案。这些概念的介绍可以使我们更好地理解设计作品。

图2–18 餐桌布局呈散点式。

一、室内空间的设计元素

我们可以从空间形态构成的角度把室内空间设计元素归结为抽象的点、线、面、体、光、色、质等。

(一)点

在室内空间中，相对于周围背景而言，足够小的形体都可认为是点。如某些家具、灯具相对于足够大的空间都可以呈现点的特征。空间中既存在实点也存在虚点，如墙面

图2–19 水平线加强通道空间的进深感。

的门窗孔洞等。

单一的点具有凝聚视线的效果，可处理为空间的视觉中心，也可处理为视觉对景能起到中止、转折或导向的作用。两点之间产生相互牵引的作用力，被一条虚线暗示着。三个点之间错开布置时，形成虚的三角形面的暗示，限定成开放空间区域。多个点的组合可以成为空间背景以及空间趣味中心。点的秩序排列具有规则、稳定感；无序排列则会产生复杂、运动感。通过点的大小、配置的疏密、构图的位置等因素，还会在平面上造成运动感、深度感以及带来凹凸变化。

(二)线

点的移动形成了线。线在视觉中可表示长度、方向、运动等概念，还有助于显示紧张、轻快、弹性等表情。在室内空间中作为线的视觉要素很多，有实线如柱子、形体的线脚等，有的则为虚线如长凹槽、带形窗等。

线条的长短、粗细、曲直、方向上的变化产生了不同个性的形式感，或是刚强有力，或是柔情似水，给人以不同的心理感受。线条在方向上有垂直、水平和斜线三种，垂直线则意味着稳定与坚固；水平线代表了宁静与安定；斜线则产生运动和活跃感。曲线比直线更显自然、灵活，复杂的曲线如椭圆、抛物线、双曲线等则更为多变和微妙。线的密集排列还会呈现半透明的面或体块特征，同时会带来韵律、节奏感；线可用来加强或削弱物体的形状特征，从而改变或影响它们的比例关系；在物体表面通过线条的重复组织还会形成种种图案和肌理。

(三)面

面属于二维形式，长度和宽度远大于其厚度。室内空间中的面如墙面、地面及门窗等，既可能是本身呈片状的物体，也可能是存在于各种体块的表面。作为实体与空间的交界面，面的表情、性格对空间环境影响很大。面在空间中起到阻隔视线、分隔空间的作用，其虚实程度决定了空间的开敞或封闭。面有垂直面、水平面、斜面

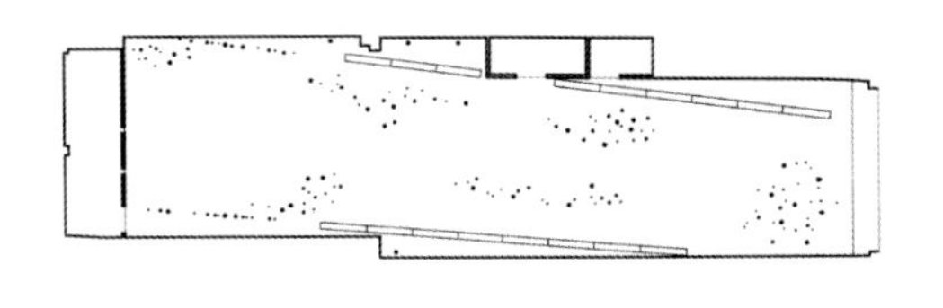

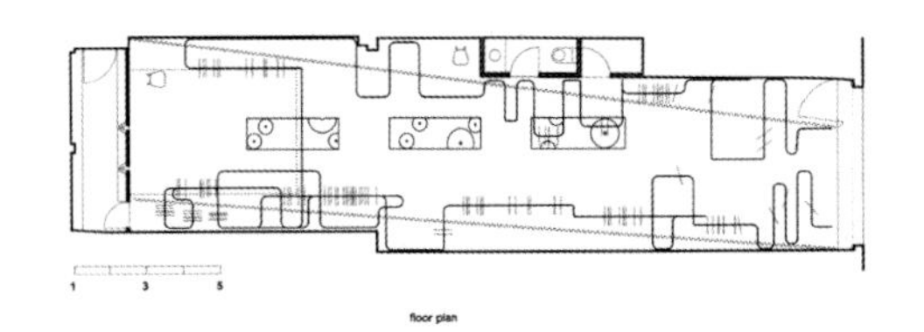

图2–20

图2–21

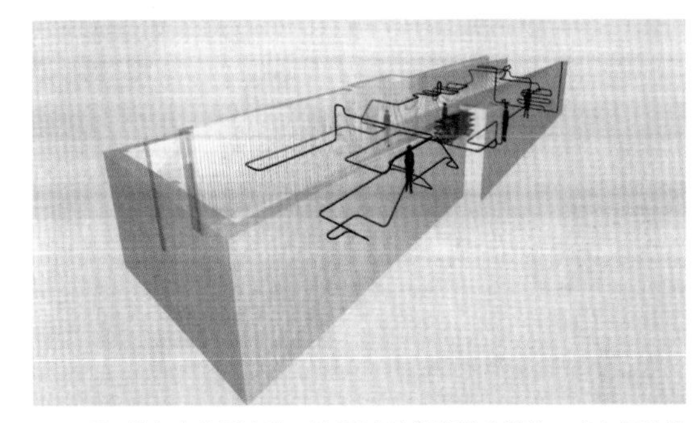

图2–22 某专卖店设计利用长200米的钢管折叠延伸，产生运动活跃感。

图2–23 垂直面准确的界定了会议空间。

图2–24 曲面柔和，具亲和力。

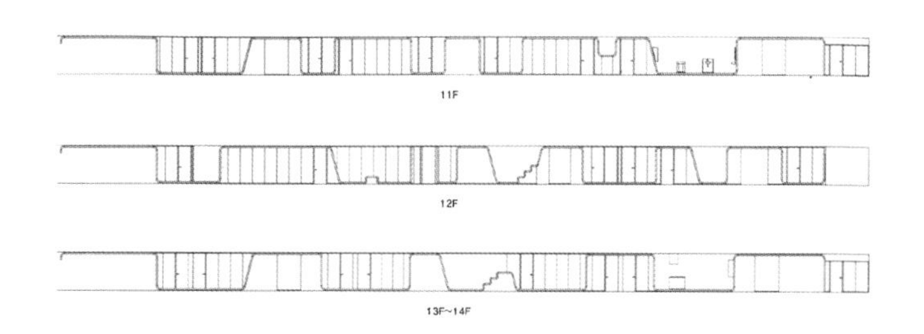

图2-25 某办公空间室内通过连续的面限定出不同的空间。

图2-26

图2-27

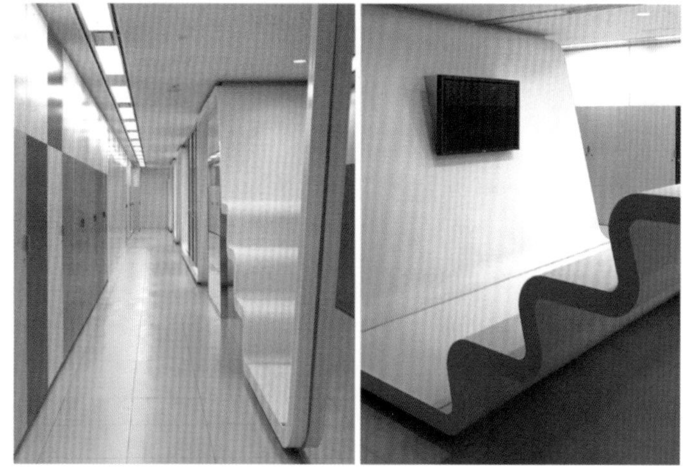

图2-28 面折叠、卷曲形成多样的形态，并形成不同的功能区域。

和曲面之分。水平面比较单纯、平和，给人以安定感；垂直面有紧张感；斜面则有不安定的动感；曲面柔和，具有亲和力。

面的主要特征是它的形状。形状可分为几何形和非几何形两大类。长方形是最常见的几何形。如果长度达到宽度的4倍，就好像走廊，可强调纵深的方向性。这种长度占优势的空间非常适合那些接近目标或让人穿行的展览廊式的空间，而不适于起居室等缺少中心焦点的空间。由长方形构成的盒式空间有时显得既平凡又生硬。正方形代表着纯粹和理性。它是一种静态的、中性的图形，没有主导方向。正方形是最简单的形状，其等长的四边表现了稳定感和秩序感，正方体效果就更强烈，且显示出纪念感。圆形是一个集中性的、内向性的形状，在它所处的环境中，通常是稳定且以自我为中心的。圆形空间或大厅常用于纪念性空间中。圆形空间给人强烈的围合和包容感，穹隆顶是圆形大厅常用的屋顶形式，它更增加了包容感。三角形意味着稳定性。由于它的三个角是可变的，三角形空间比长方形更易于灵活多变。正三角形显示出纪念感。非几何形是指那些各组成部分在性质上不同且以不稳定的方式组合在一起的形。不规则形一般是不对称的，富有动态。不规则的曲线形空间意味着自由和流动，善于表现柔和的形态、动作的流畅以及自然生长的特性。

（四）体

面的平移或线的旋转轨迹形成了三维形式的体。体不是仅由一个角度的外轮廓线所表现的，而是从不同角度看到的视觉印象的综合叠加。体具有充实感、空间感和量感。室内空间中既有实体，也有虚体，如有点、线、透明材料围合的体等。

实体厚重、沉稳，虚体则相对轻快、通透。体的特征也与线的特征有直接联系，正方体和长方体空间清晰、明确、严肃，而且由于其测量、制图与制作方便，在构造上容易紧密装配而在建筑空间中被广泛应用；球体或近似形状的曲线体圆浑、饱满，但与特定功能的结合往往较为困难；三角形体块通过方向调整可形成动感、稳定、坚实等不同印象。

体块还可通过切削、变形等分解、组合手段衍生出其他形体，丰富视觉语言，满足各种复杂的使用要求。体常常与“量”、“块”等概念相联系，体的重量感与其造型，各部分之间的比例、尺度、材质甚至色彩有关，例如粗大的柱子，表面贴石材或者不锈钢板，重量感会大有不同。另外，体表的装饰处理也会使其视觉效果发生相应的改变。

图2-29 浴缸被处理成长方体，具厚重的实体感。

图2-30 通道设计成圆柱形的虚体。

(五)光

光可以形成空间、改变空间或者破坏空间，它直接影响到人对物体大小、形状、质地和色彩的感知。

光的亮度与光色是决定空间气氛的主要因素。光的亮度会对人心理产生影响。一般说来，亮度较高的房间比较暗的房间更为刺激，但是这种刺激必须和空间所应具有的气氛相适应；处于位置较低的灯和弱的光线，在周围造成范围较大的暗影，天棚显得较低，房间内的气氛更亲切、幽静。如在餐厅中只用柔弱的星星点点的烛光照明来渲染温馨浪漫的气氛。

图2-31 某盥洗室被设计成椭球体。

图2-32 酒吧灯光较暗，显得亲切、幽静。

图2-33 某电梯厅利用明亮的顶部照明突出高耸的空间感。

室内的气氛会由于不同的光色而发生变化，应根据不同气候、环境和室内空间的性格要求来确定。家庭的卧室常常采用暖色光而显得更加温馨和睦；夏季在客厅等公共活动区使用青、绿色的冷色光，使人感觉凉爽。强烈的多彩照明，如霓虹灯、各色聚光灯，可以把室内的气氛活跃起来，增加繁华热闹的气氛，现代家庭也常在节日用一些彩色的装饰灯来点缀起居室、餐厅，以增加欢乐的气氛。不同色彩的透明或半透明材料，在增加室内光色上也可以发挥很大的作用。

直射光能加强物体的阴影，光影相对比，能加强空间的立体感。利用光的作用，可以来加强空间趣味中心，也可以用来削弱不希望被注意的次要地方，从而进一步使空间得到完善和净化。许多商店为了突出新产品，采用照度较高的重点照明，获得良好的照明艺术效果。通过照明设计可以使空间变得轻盈通透，许多台阶照明及家具的底部照明，使物体和地面看似脱离，形成空透、悬浮的效果。光的形式可以从尖利的小针点到漫无边际的无定形式，光与影本身就是一种特殊的艺术形式。当光透过遮挡物，在地面撒下一片光斑，光影交织，疏疏密密不时变换，这种艺术魅力是难以言表的。我们可以通过照明设计，

图2-34 某银行大厅顾客接待区通过局部照明给人以温暖的感受。

图2-35 光与影交错造成丰富的视觉感受。

以生动的光影来丰富室内空间，使光与影相得益彰，交相辉映。

光既可以是无形的，也可以是有形的。大范围的照明，如天棚、支架照明，常常以其独特的组织形式来吸引观众，如商场以连续的带状照明，使空间更显舒展，明亮的顶棚还能增加空间的视觉高度。现代灯具都强调几何形体构成，在球体、立方体、圆柱体、角锥体的基础上加以改造，演变成千姿百态的形式，同样运用对比、韵律等构图原则，达到新韵、独特的效果。但是在选用灯具的时候一定要和整个室内一致、统一，决不能孤立地评定优劣。

图2-36 几何形的灯具形成发光顶棚。

（六）色

色彩和形状一样是各式各样形态的视觉根本性质。色彩的来源归因于光，光是根源，它照亮了形态和空间，没有了光，色彩也不复存在。色彩具有三种属性，即色相、明度和纯度，这三者在任何一个物体上是同时显示出来的，不可分离的。实体色彩上的变化，可以有光照效果产生，也可以由环境色及背景色的并列效果产生。这些因素对室内空间设计十分重要，不但要考虑室内空间各部分的相互作用，还要考虑这些色彩在光照下的相互关系。

色彩能够引起人们在心理上的很多情感和共鸣，大致可反映在以下几方面：色彩的距离感可以使人感觉进退、凹凸、远近的不同，一般暖色系和明度高的色彩具有前进、凸出的效果，而冷色系和明度较低的色彩则具有后退、凹进的效果。室内设计中常利用色彩的这些特点去改变空间的大小和高低。色彩的重量感主要取决于明度和纯度，明度和纯度高的显得轻，如桃红、浅黄色。在室内设计的构图中常以此达到平衡和稳定的需要，以及表现性格的需要如轻飘、庄重等。色彩的尺度感主要取决于色相和明度两个因素。暖色和明度高的色彩具有扩散作用，因此物体显得大，而冷色和暗色则显得小。不同的明度和冷暖有时也通过对比作用显示出来，室内不同家具、物体的大小和整个室内空间的色彩处理有密切的关系，可以利用色彩来改变物体的尺度、体积和空间感，使室内各部分之间关系更为协调。色彩的温度感和人类长期的感觉经验是一致的，如红色、黄色感觉热；而青色、绿色感觉凉爽。色彩的冷暖具有相对性，如绿色要暖于青色。

室内色彩可以统一划分成许多层次，色彩关系随着层次的增加而复杂，随着层次的减少而简化，不同层次之间的关系可以分别考虑为背景色和重点色。大面积的背景色宜用明度低的灰调，重点色常以小面积的色彩出现，在彩度、明度上比背景色要高。在色调统一的基础上可以采取加强色彩力量的办法，即重复、韵律和对比强调室内某一部分的色彩效果。室内的趣味中心或视觉焦点重点，同样可以通过色彩的对比等方法来加强它的效果。通过色彩的重复、呼应、联系，可以加强色彩的韵律感和丰富感，使室内色彩达到多样统一，统一中有变化，不单调、不杂乱，色彩之间有主有从，形成一个完整和谐的整体。

（七）质

实体由材料组成，这就带来质感的问题。所谓质感，即材料表面组织构造所产生的视觉感受，常用来形容实体表面的相对粗糙和平滑程度，也用来形容实体表面的特殊品质，如粗细、软硬、轻重等。每种材料都有不同的质感特征，这也有助于实体形态表达不同的表情。例如木

图2-37 丰富的色彩增添了空间的感染力。

图2-38 冷色系具有后退的空间感。

图2-39 暗色系家具体积分明，结合灯光显示出飘浮感。

材、藤材、毛皮材料松弛，组织粗糙，具亲切、温暖、柔软等特点；抛光石材、玻璃、金属材料细密、光亮、质地坚实，组织细腻，具有精密、轻快、冷漠的特点；混凝土、毛石更具粗犷、刚劲、坚固的特点。

每种材料都存在触觉和视觉两种基本质感类型，人的视觉与触觉是交织在一起的，触觉质感真实存在，可通过触摸感受，如软硬、冷暖等。而在许多情况下，单凭视觉方式就可以感受物体表面的触觉特征，如凹凸感、光泽度等。这主要是基于我们过去对相似事物、相似材料的回忆联想而得出的反应，是对材料质地的联想。这种“视觉质感”有时是客观真实的，有时则可能是触觉无法感受到的错觉。

肌理与质感是紧密联系的设计要素，指客观存在的物质表面形态。肌理既可由物体表面介于立体与平面之间的起伏产生，也可以由物体表面无起伏的图案纹理而产生。图案是装饰性图样或者物体表面的装饰品，它几乎总是以图案母本的重复为基础的。当物体表面重复性图案很小，以至于失去其个性特征而混为一团时，其质感会胜过图案感。

肌理依附于材料而存在，能够丰富材料的表情。不同表面肌理会给人不同的质感印象。同一质感的材料可形成不同的肌理：材质本身的“固有肌理”和通过一定的加工手段获得的“二次肌理”。室内装饰材料一般会以材料本身内在特征

图2-40 餐厅采用红色，具有热烈、温暖的环境气氛。

图2-41 空间以蓝色调为主，局部点缀红色，色彩主次分明，统一中有变化。

图2-42 某旅馆室内利用金属壁炉与毛石墙面、木质顶棚形成对比。

图2-43 楼梯墙面的曲线肌理加强了空间的动感和趣味性。

图2-44 墙面利用二次肌理加强了界面的丰富性。

图2-45 墙面的叶片图案与原木坐凳结合，突出了一种淳朴自然的韵味。

或特定生产工艺形成的“固有肌理”展现，如木纹、织物的编织，砌砖形成的肌理，具有自然本色的外观；而结构层的表面进一步加工出新的球或纹饰，如雕刻、印刷、穿孔等手段，便又形成了另一种效果，即所谓的“二次肌理”。

肌理越大，质地会越粗，粗肌理会含蓄稳重、朴实。同时被覆盖的物体会产生缩小感；反之会产生扩张感。即使特别粗糙的肌理，远看也会趋于平整光洁。细腻材料的肌理会柔美、华贵，会使空间显得开敞，甚至空旷。粗大肌理或图案会使一个面看上去更近，虽然会减少它的空间距离，但同时也会加大它在视觉上的重量感。大空间中，肌理的合理运用可改善空间尺度，并会形成相对亲切的区域，而小空间里使用任何肌理都应有所节制。运用不同的质感对比，可加强空间的视觉丰富性；无质感、肌理变化的空间，往往易产生单调乏味之感。②

第三节　居住空间室内概念基础

居住空间的特点为：

1.使用对象：为家庭服务

2.使用功能：包括睡眠，就餐，烹饪，盥洗，家务，会客，学习，工作，家庭娱乐，育儿，储藏等诸多功能

3.住宅设计的要点：

私密性：应保证睡眠和私生活不受干扰（交通和视线具有安全感）

卫生性：应考虑合理的日照，通风，采光，保证一定的空间力度

便利性：空间尺度，功能分区和流线组织应符合居住使用的基本规律

居住空间（住宅）既包括以上概念，又具有以下特点：

一幢（或一个）建筑独立单元为一户家庭使用。

具有较齐全的居住功能，功能空间至少包括

② 《室内设计概论》主编：崔冬晖，邱晓葵，杨宇，韩文强等 出版社：北京大学出版社

一个或一个以上卧室、起居室、厨房、卫生间和阳台或室外庭院。

具有一定的规模（面积少则几十平方米，多则上百平方米，甚至数百、千平方米）。

住宅的分类

按所在地分：即城市小住宅，近郊小住宅，乡村小住宅，风景区小住宅。

按归属分：即公有小住宅，私人自用小住宅，长期出租小住宅，假日别墅（短期出租）。

按使用分：即私人小住宅，别墅，专用小住宅。

按设计建设方式分：即单独设计的小住宅，成片开发的小住宅，菜单式选型小住宅，装配式预制小住宅。

按标准高低分：即经济型小住宅，普通型小住宅，豪华型小住宅。

我们可以发现，有关小住宅的绝大多数问题都涉及人的心理需求问题。在此我们还要着重说明几点。

住宅的安全感和私密性

住宅比多户住宅（如宿舍，筒子楼）户外人流少，安全防范问题更突出，因此需要结合环境更多地考虑安全防范问题。除了在技术上、功能布置上的防范措施外，还需在心理上给人一种安全感。例如外门的窗、花园、围墙的设置都需因地制宜地考虑，在不同的环境中需有相应的处理。如在一封闭管理小区中的小住宅可设低栅栏。在偏僻环境中独立设置的小住宅则必须有可靠的围墙、红外线报警等措施。在私密性方面有两个层次的要求：一是以免户外对住宅的窥视可能，尤其是对卧室、浴厕等房间；二是户内也要考虑私密性，比如卧室避免穿通，卧室要有良好的隔声，避免卧室阳台走通，视线对视；主卧室宜有附属卫生间等。

住宅的家庭气氛的营造

住宅是独立建造的一个单位，它的尺度比例可不拘于一般多户住宅的经济性原则，但它是为一户家庭服务，又应符合家庭气氛营造的目的，其比例、尺度、空间应该是亲切、自然、生动和有趣的，我们可以充分利用住宅内的“公共”部分，如起居室、餐厅、楼梯、门厅、室外平台等，结合朝向、日照、流线的处理，形成“家”的空间感觉。西方许多小住宅名作都把传统的壁炉作为一个元素，充当住宅空间的中心，而中国的传统住宅中的“祖堂”往往是家庭的象征，小住宅还要充分考虑来客的活动环境，既亲切自然，又有一定的家庭礼仪氛围。

同时，居住空间的风格与设计定位上，因为除了要考量业主的自我使用喜好外，也要充分考虑当下设计中，功能化的设计要求。因此，个性的创造与所谓的约定俗成要有所理性的梳理。

个性的创造与约定俗成

对于住宅设计的心理需求来说，个性创造与约定俗成是两个突出的方面。

住宅往往是一人家庭最重要的投资内容，不仅是满足使用，还是一个家庭自我价值、社会地位、经济实力的体现。因此，往往要求空间和形式的完美、创造力和独立风格的体现，因此，对于单独设计的小住宅来说，必须结合主人的特点，从功能组合到形式处理，都要强调个性的创造。对于成片开发的小住宅，在满足不同使用者的共同要求，尽可能发掘巧妙新颖的空间造型的构思，力求变化，增强个性的同时，还要留有一定的余地，让住户在室内装修、庭院处理上发挥各自的创造性。

图2–46 北京某别墅厨房1——编者摄

另一方面，住宅又往往是约定俗成，包含趋同心理的产物。菲利浦·约翰逊曾说，你若问一个小孩，“House”应该是什么样的，他就会告诉你，“House”应该是有一个壁炉、坡屋顶的小房子。他以此说明过去的现代主义作品（包括他自己的作品）对人们心理积淀的情感的忽视是不完整的。许多家庭对于约定俗成的住宅的理想图画的追求，是我们必须加以考虑的问题，它代表了一种家庭气氛，一种成熟而有底蕴的文化，一种被认同的有归属感的东西。

第四节　居住空间室内住宅的功能、布局与形式处理

各类空间的具体功能和特点

住宅的户内空间是由一系列领域构成的，包括：

1.客厅、起居室、餐室、日光室、儿童游戏室、健身房等构成的家庭共同生活领域；

2.卧室及浴厕、工作室、书房、家政室等构成的私人生活领域；

3.门厅、过道、贮藏室、车库等构成的过渡领域三部分。

私人生活领域的形成是为满足个人得到独处、休息、睡眠和爱情的需求，是一方私密的自由天地。共同生活领域的形成是因为家庭生活的本质就是相互间自愿的共同团聚，家人在这一空间中一起分享家庭的温暖与关爱。而过渡领域则起到一个串联和功能补充的作用，是住宅中不可缺少的节点。

家庭共同生活领域：顾名思义，家庭共同生活领域应该是一个开放的空间，每个家庭成员的各种起居活动均与相应的空间密切相关，家庭共同生活领域对人们的身心健康、性格的形成、素质的培养、创造力的发挥等都有深刻的影响。这类空间一般包括客厅、起居室、餐厅、厨房、儿童游戏室、健身房等等。

客厅、起居室

客厅和起居室是家庭团聚、休息、娱乐和接待的空间，是住宅中最具综合性和公共性的部分，这一区域的使用频率最高，使用人数也最多，它是户内空间的重要组成部分，也是主人经济实力、社会地位和个性修养的表露和象征点。

在一般的集合住宅中，因为面积的制约，客厅和起居室往往是同一个空间概念，而在独立式小住宅中，由于功能的进一步细化和面积指标的许可，常将客厅（Living room）和起居室(Family room)分开设置。在这种情况下，客厅与起居室的主要区别在于：客厅是接待正式客人或组织正式社交活动的场所，起居室则是家庭成员日常的、非正式的休息娱乐场所。

客厅的面积一般在24～36m^{2}之间，平面形式要较完整，至少能够放下一组5～6人的沙发。在很多小住宅中，客厅常被设计成二层甚至更高的共享空间，以突出这一部分的重要性。

起居室则主要用于家庭内部成员的日常活动，因此又称为家庭活动室或家庭室。这部分的空间一般由休息区、娱乐区等组成，家庭影音中心、儿童游戏区有时也

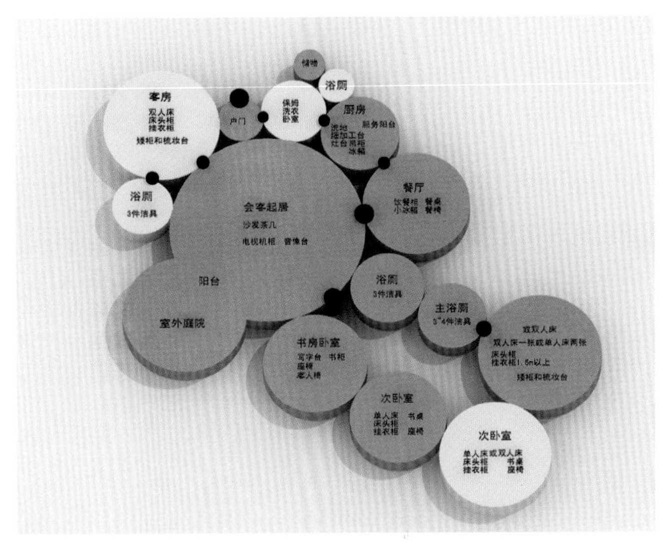

图2—47 居住空间的功能区域划分

被安排在这一空间里。起居室的面积一般为20～$40m^2$。现代影音中心的设备一般包括大屏幕彩电或壁挂式摄影幕、投影仪、录放像设备通讯电子音响系统。影音中心的面积一般不小于$20m^2$，房间进深不小于5m。影音中心除先进的声像系统外，还配有舒适的座位和专门放置碟片的橱柜，房间内尽量少设门窗，室内应有良好的吸声保音措施。

客厅、起居室的设计最具灵活性，它既可以单独设置，也可以将两者合并。在许多情况下，还可以将起居室和餐厅或厨房结合在一起设置，以使室内空间产生更多的灵活性和流通性。同时，要注意避免开门过多和空间的穿破影响到功能使用以及家庭气氛的塑造。

对这类空间的设计可以采取多种手法。如平面形状的变化，室内采用高低隔断来分隔空间，地面及顶棚的抬起或下沉，与楼梯、餐厅、书房、庭院的联系或结合，共享空间的创造，灯具、艺术品的点缀，空间限定手法的运用等等。

厨房、餐厅

厨房的基本功能是配制、烹饪食品，也是主人一展身手的地方，厨房作业的基本流程如图所示。

厨房设备，贮柜和家具的布置要方便实用，避免家庭主妇来回奔波操劳。一般厨房通常划分为三个组成部分，即贮藏和调配中心、清洗和准备中心及烹调中心，假如用线来连接厨房里的这三个中心，就形成一个三角形，称之为工作三角，根据国外的住宅研究成果，一个合理而理想的厨房，其工作三角的边长应在3.7～6m之间。

厨房中工作三角上的这三部分位置，可以各不相同，但最有效的布置方式，一般可归纳为以下类型：

U形厨房：U形厨房是一种很有效的布置方式，水槽位于U形平面的底端，灶炉和电冰箱布置在相对两面。在这种布置方式中，穿过厨房的过境交通线与工作三角完全分离开。U形两边之间空间一般为1.1～1.5m。这样布置的厨房面积不大，用起来却非常方便，图例表示不同的U形厨房的布置方式以及所形成的工作三角位置。

半岛式厨房：半岛式厨房与U形厨房相类似，但有一条边不贴墙，烹调中心常常布置在半岛上，而且一般是用半岛把厨房与便餐室或家庭活动相连接。

岛式厨房：有时将调理台或灶具独立出来，形成一个岛式的厨房布局，这一形式常常出现在较大且宽敞的厨房设计中。

L形厨房：L形厨房是把柜台、器具和设备贴在两相邻墙上连续布置。工作三角避开了交通联系的路线。剩余的空间经常利用来放其他的厨房设施，如进餐或洗衣设施等。如果L形厨房的墙面设计过长，厨房使用起来就会不够紧凑方便。如图所示几个L形厨房不同的布置方式和所形成的工作三角。

图2–48 北京某别墅客厅——编者摄

图2–49 北京某别墅餐厅——编者摄

走廊式厨房：如图所示为沿两面平行墙布置的走廊式厨房，对于狭长房间，这是一种实用的布置方式。

单墙厨房：对于小规模的住宅厨房，可以将几个工作中心设于一个边上，但应避免流线过长，并且必须提供足够的贮藏设施，在独立式小住宅中较少出现这一形式。

因为厨房是一个家庭中服务面积的核心，所以其位置要靠近服务入口，并接近餐厅和室外饮食处。在现代生活中，厨房的环境因素也应综合考虑在内，设计规范规定，厨房必须对外开窗，同时设排烟口，有条件的情况下还应注意阳光与朝向，以及边操作边与家人谈话，以达到心理上的满足。

餐厅是一家人共同进餐、享受天伦之乐的地方，也是款待亲朋好友、展示家庭主妇精湛手艺的场所。餐室的两面设计应以就餐人数及相应的餐桌尺寸为依据，面积一般在9～15m^2，餐室空间的单独设置有利于避免与户内其他活动相互干扰，形成良好的就餐环境。

在规模较大的独立小住宅中，往往还设有便餐室，或称早餐室，结合厨房一起设置，形成一个比较开放、轻松的空间，有时我们会在厨房和便餐室之间利用家具进行一些空间的分隔，在这种情况下，应该注意家具的设置避免造成视觉上的阻碍而形成不理想的空间形态。有的在餐厅前设庭院或开敞平台，供夏晚用餐，既凉爽又与自然融合在一起，享受别一番风情，当厨房和便餐室合设时，面积一般为10～20m^2，

餐厅的设计可以追求一定的空间变化和趣味，家具的配置、灯光的运用、地面和顶棚的处理都能体现出设计师的匠心。如图所示的就餐区位于室内的一角，由一张恰好适合墙角的长方形桌子和舒适的轻质木椅（其上铺有垫子）所组成，桌子上方点缀了一盏白色的照明灯，充满了自然休闲的情调。

日光室、儿童游戏室和健身房

在比较豪华的独立式住宅中，还设有日光室（又称花房）、儿童游戏室和健身室。

日光室一般由大面积的落地玻璃和玻璃屋面围合而成，是室内空间的扩大和延伸。日光室应有较好的朝向——南向或东南向，在室内即可享受阳光的照射。日光室内可以养植花木，冬天可以在此休息、活动或用餐。

儿童游戏室一般需10～20m^2，平面呈方形或接近方形，可以铺设大型的电动玩具，供父母和儿童一起玩耍。

健身房可单独设置，或与日光室等合设，放置一些简单的家庭健身器材，供家庭成员使用。

私人生活领域

除了共同的家庭生活之外，每个家庭成员都需要有属于自己的私密生活空间，如卧室、工作室、书房、卫生间等。

图2-50 北京某别墅厨房2——编者摄

图2-51 北京某别墅主卧——编者摄

卧室

卧室是供睡眠休息等个人私密活动的空间，是住宅中最重要的组成部分，它是使居住者得到适度的解脱、真正的松弛、完全的休息、获得心理平衡、体力恢复，以利自我发展的场所，它要求有极强的自主性和私密性，力求保证每个成员均能在自己的“小天地”里不受任何干扰，专心致志地从事个人活动，同时具有自主的支配权。卧室内一般由寝区、化妆区、储区、学习体憩区几部分组成，卧室环境应温馨、亲切、和谐、宁静、含蓄、柔和、轻松，以充分满足主人的个性要求。

卧室因居住对象不同，可以为主卧室（夫妻室）、儿童室、青年室、老年室、工人房、客房等。每个卧室的从属性是相当明确的，一般不混用。

卧室（夫妻室）：主卧室是户内最恒定的空间，使用年限长，具有强烈的心理地域感和私密性，因而要有良好的朝向和隔声、隔视条件，使之具有完全的排他性，在独立式小住宅中一般主卧室都附设专用的浴厕。一个理想而正规的主卧室应该由五个部分组成，睡眠区(Sleeping)、休息区(Sitting)、盥洗穿衣区(Dressing)、贮衣区(Closet)、和卫浴区(Bath)。

儿童室：要适应儿童期的发展特征，使其具有启蒙，调动好奇、好学的智慧，发展创造性兴趣，勇于探索未来和促进身心健康发展的作用。儿童室应保证有充足的阳光，开阔的视野，明快、生动活泼的色彩和完整而有节律的活动空间。

青年室：是以居住13岁至成年期的未婚青年为主的居住空间。

老人室：供父母、长辈居住的卧室，一般设置在比较安静的地方，同时尽可能要争取良好的日照以保证卫生条件。

工人房：供保姆、帮佣居住的生活空间，一般面积在6～9m²。

客人房：是提供给客人临时居住的卧室，有壁柜等储存空间，具有较强的独立性，一般安排

图2-52 北京某别墅保姆间——编者摄

图2-53 北京某别墅客卧室——编者摄

图2-54 北京某别墅主书房——编者摄

在底层。

卧室的规模与就寝人数和卧室性质有关，主卧室一般以12～25m^{2}为宜，双人次卧室一般以10～14 m^{2}为宜，单人次卧室则以6～10m^{2}为宜。

工作室及书房

工作室和书房在大部分的住宅中是同一个空间概念，一般面积为12～20m^2，在其内部两侧墙壁上，往往布置有高达顶棚的专用书橱，与客厅内摆设的书橱不同，这种书柜内的藏书与住宅主人所从事的专业工作或业余爱好有直接的关系，而且其中大部分的书籍都是阅读的。根据主人职业和爱好的不同，书房及工作室的设置也不尽相同。如一个建筑师工作室，一般由电脑、打印机、传真机、投影仪、绘图桌、书架、工作洽谈区等组成。书房、工作室一般安排在北面，采光充分而均匀，同时要避免眩光并合理运用侧光。

浴室、厕所

浴室、厕所是进行个人和家庭卫生的场所，卫生间的设计不仅要适合沐浴、盥洗、上厕所等基本活动，与此相关的如更衣、刮胡子、化妆、简单的护理等也都常在这里进行，各种卫生用品、毛巾、纸制品等也会被存放在这里，如果不专设家政室，那么还得考虑洗衣机、烘干机等的位置，在很多情况下，浴室还可以成为儿童嬉水的地方。

住宅中浴厕的数量和浴厕内部的装修以及设备配置的质量，往往是居住文明水平的一个重要标志。浴厕要保证良好的通风条件，一般应有外窗直接通风采光，窗地比大于1∶10，如受条件限制，不能直接对外开窗，则必须设置排风口或排气扇组织排风。浴厕的位置应既考虑卧室家人使用的私密性，又考虑起居室、客厅人员使用的方便，一般宜布置在卧室和客厅附近，同时与厨房间亦不宜太远，便于热水供应。楼上卫生间尽量与楼下卫生间对齐，便于管道集中布置。楼上卫生间不应设在楼下主要空间如餐厅、客厅、起居室等的上方。浴厕的最少设置内容为：浴缸、坐

图2-55 北京某别墅主卫生间——编者摄

图2-56 北京某别墅家政室——编者摄

便器和洗脸盆。仅有坐便器和脸盆的称为半套浴厕。浴厕的最大设置内容可包括：洗脸盆、梳妆台、更衣室、坐便器、净身盆、淋浴间、漩流浴缸和桑拿浴池。有三间卧室的住宅一般设两套浴厕。如果是双层住宅，卧室全部设在上层，则三间卧室至少要配2.5套浴厕。这时楼下设一个洗手间，布置在客厅附近。为了避免使用上的

干扰，浴厕可以分开设置，也可以在其中加以隔断。

家政室

家政室也称洗衣间，是主妇或工人处理家务的地方。家政室的标准装备是一台洗衣机，一台电动热风烘干机和一个用于整理、熨烫衣服的工作台，有时还放有缝纫机。其面积为4~6m²，在有些住宅中不单独设置，而是将其与杂物间或浴厕、厨房合并设置。

过渡领域

住宅通过入口、门厅、走道、楼梯等空间将它与室外空间及室内的各个空间联系起来，成为一个有机的整体，连同储存室、车库等一起构成住宅的过渡空间。

走道、楼梯

走道、楼梯不仅满足人们日常的行走、搬运物品等要求，而且要满足救护和紧急疏散等特殊要求。

小住宅楼梯的特点是：服务层数少，且多为独户使用，少数也有两户一梯的情况。楼梯的位置宜靠近主入口，如单独设楼梯间，则使用较便利，对居室干扰少，但所占面积较多，另一种方法是将楼梯设在客厅内作为客厅空间组成的一部分，面积较经济，而且在视觉和空间组织上容易取得较好的效果。缺点是上下楼必须穿越客厅，使用上会有一定干扰，但一个优秀的设计可以避免这些缺点而达到赏心悦目的效果。

楼梯的形式有：单跑、双跑、三跑、曲尺形、弧形等。单跑楼梯使用较方便，结构简单，双跑或三跑楼梯多需设楼梯间，为节约面积起见，常将楼梯平台做成扇步。曲尺形与弧形楼梯可放在起居室内，也可单独设楼梯间，其中弧形楼梯外活泼有生气，可以在空间中营造出蜿蜒、秀美的动感氛围，但结构与施工均较复杂。

由于楼梯多为独户使用，服务层数较少，为节约面积和造价，亦可将楼梯踏步局部或全部放到室外，或结合地形灵活处理，一般户内楼梯

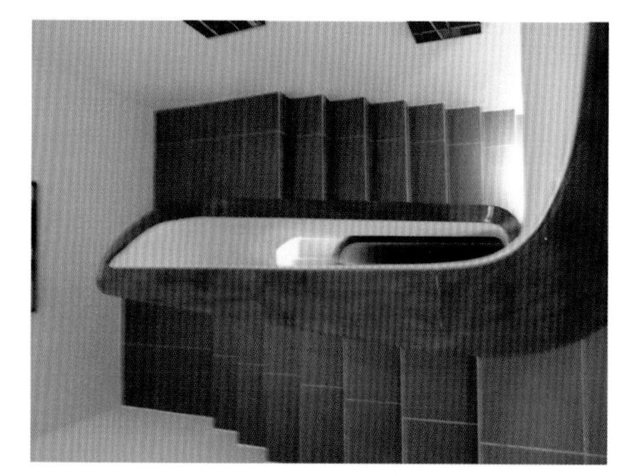

图2-57 北京某别墅主楼梯细部——编者摄

图2-58 北京某别墅入口门厅——编者摄

宽不应小于75cm，常见的以90~100cm为宜，踏步面宽则不宜小于24cm；踏步高度不宜大于18cm；楼梯的坡度通常控制在35°~40°，一般不宜大于45°，以免造成使用上的不便。

入口门厅

独立式小住宅的入口门厅兼具功能性和社会性双重意义。入口挡住了变化莫测的户外天气，同时又是住宅的前厅，是公共空间到私有空间的过渡。在这一空间中，负责收纳各式鞋具、雨具

图2-59 北京某别墅储存间——编者摄

和大衣等，也要临时放置随身携带的手提包等小件物品，因此需要有充足的储存空间，其形成可以是柜子、壁橱、衣帽架、抽屉、小方几等，同时还需要一把椅子供换鞋用，因此这一空间的适宜面积为3～4 m^2，入口宽度以2.1～2.4m

作为进门后的第一处宅内空间，门厅可以提供户内居家的层次感和美感。这种小空间的处理手法应该使人感到亲切，有时门厅外的入口处设有门廊，形成室内外的过渡空间。门廊常设灯和花坛、盆栽等，为防止伞上的水乱滴，下方还铺了碎石，显得别具匠心，门厅的门两侧，分别有百叶窗式的换气口，同时可做信箱、工具箱之用。

贮存间

贮存空间可根据住宅平面的不同和不同的贮物要求，利用剩余空间设置在不同的空间位置，一般有贮物间、壁橱、吊柜等形式。

车库

由于用地的限制，独立式小住宅建在城市中心或闹市区的很少，大部分坐落在风景优美、空气新鲜的近郊或者更远的地方，因此汽车对于这样的家庭来说是十分重要的，一个家庭有没有汽车，或有几辆汽车，有什么型号的汽车，往往是这个家庭生活水平和富裕程度的标志，因此，汽车库在独立式小住宅设计中占有重要地位，一座一车位汽车的面积约20～30m^2，最小尺寸为3m×6m，可以停放一辆轿车和放置日常修理的工具，有时也存放一些园艺设备如除草机等。它的位置一般靠近入口，和行人入口平行或垂直设置，同时车库内在门可以直接进入室内。

有一些住宅不设车库，而设置车棚。车棚的前后不封闭，上有屋面覆盖，可以遮风挡雨。也有些简易住宅或度假别墅不设车库或车棚，而要室外设停车位。

阳台和露台

阳台和露台既可以布置在卧室等房间的静区，也可以布置在客厅、起居室和餐厅等房间的动区，在独立式小住宅中，因为房间面积比较充实，因此阳台和露台一般都不封闭，纯粹是室外或半室外的一个空间部分，在这里可以使人更充分地接近自然、享受自然。

露台一般要高出附近地面，如果高差不大，则可以通过材料，铺砌等方法对其进行空间限定，按功能来分，露台可分为起居平台、用餐平台、休息平台和游艺平台，分别与相应的生活空间进行联系。

第五节 居住空间室内的功能划分方法概述

空间的组织设计

住宅内部空间的组织设计关系到两方面的内容，一是住宅内各功能空间的联系和组合，二是空间本身的形态和形式。

住宅室内空间组织是物质功能的形态表现，同时又具有深刻的精神内涵。室内空间组织就其实质来说是确定一种秩序。住宅内部空间秩序不仅要考虑家庭的生活结构如功能分区、功能重叠层次、生理分室等因素，还要注重满足审美心理的需求，一个易于识别、易于理解的空间秩序，能给人以清新的空间意象，并获得愉悦的心理感受。

功能分区

无论怎样理解，首先进行合理的功能分区以确保基本功能的实现仍是最主要的，分区中要处理好区域内的关系、区域之间的关系和交通衔接。从功能方面考虑，根据人的生理、心理习惯和生活方式，我们在小住宅设计中一般可以通过内外分区、动静分区、清污分区来进行室内间的组合。

内外分区：住宅心理学的研究成果显示，私密性是人们在居住行为中极其重要的一个方面，任何人在日常生活中都需要有一些独立的、不被干扰和窥视的活动，提供这种活动的可能性就是居民的私密感受；另一方面，人们又有互相交往交流的需求，住宅的内外分区，就是按照空间使用功能的私密性强度的层次来划分的。

住宅内部的私密性程度一般随着人的活动范围扩大和成员的增加而减弱，相对地，其对外的公共性则逐步增强。其私密性不仅要求在视线、声音等方面有所分隔，同时也要求在空间组织上满足居住者的心理要求。因此，住宅内部空间布局一般常采取根据私密性要求进行分层次的空间序列布置，把最私密的空间安排在最深部或最高处，一般外人就不容易接触到这部分空间。法国对住宅功能分区研究后提出了住宅空间私密性序列，卧室和卫生间等为私密区，它们不但对外有私密要求，本身各部分之间也需要有适当的私密性。家庭中的各种家务、儿童教育和家庭娱乐等活动。对家庭成员之间无私密性要求，但对外人却具有私密性要求，因此这是第二层次，也称半私密区。半公共区是由会客、宴请、与客人共同娱乐，但对外人讲仍带有私密性。入口的门是住户与外界之间的一道关口，门外一般为平台、门廊或绿地，这里完全是开放的外部公共空间。以这一公共到私密的序列布置空间，可以使住宅内各空间的功能得以保证。当独立式小住宅为二层或三层建筑时，根据内外分区的原则，我们一般将车库、客厅、餐厅、厨房、家政室、工人房、客人卧室等设置在底层，而将起居室、卧室、书房、儿童游戏室等设置在上层，以使家人的私密性得到保证。

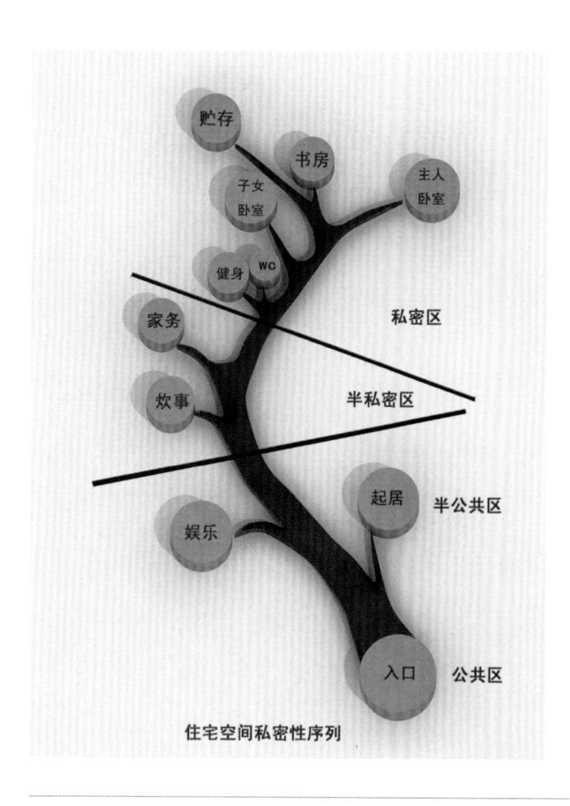

住宅空间私密性序列

动静分区

从行为模式上来考虑，住宅内部空间也可以按动、静来进行分区，人们活动比较频繁、行动产生声响和对其他空间影响较大的属于动区范畴。如门厅、客厅、起居室、餐厅、厨房、游戏室等，而卧室、书房、工作室、卫生间等则属于静区。在确定动静划分以后，各个空间的限定和组合也就相应建立起来，特别要注意避免动区对静区所产生的干扰和影响，使静区保持其相对的独立性。

这一分区方法和内外分区具有某些相似的地方，对于住宅中最重要的卧室，在单层住宅中，我们往往把它们布置于平面的一侧，与属于动区的会客、起居等隔开一段距离；为了保持居室的私密性，有时主卧室与其他卧室也分开布置，中间由庭院或家庭室等作为分隔。在双层或三层住宅中，卧室往往被设置在顶层，但工人房和客人房除外，他们一般布置在底层。在规模较大的豪华独立式住宅中，也有主卧室单独占据一层的布局。一般我们将婴儿房或儿童房紧靠主卧室一侧布置，以便于父母照应。主卧室一般有较好的朝向，而且往往有独用的浴厕、化妆间、更衣室及休息平台或阳台。除非有充足的理由，一般情况下卧室的穿套布置是禁忌的。浴厕的布置则要靠近卧室，方便出入和使用。客厅、起居室、餐厅、厨房是属于公共部分，相对“动”的，因此宜靠近主入口，厨房应该设置一个服务出口直通户外，以减少对其他空间的影响。客厅、餐厅、厨房之间的分隔较灵活，可以根据室内空间形态的要求进行控制，以便灵活使用。

洁污分区

住宅中的洁污分区，实际上体现在用水和非用水活动空间的分区。由于厨房、浴厕、洗衣需要用水，相对比较不易清洁，而且管网较多，厨房又要负责向卫生间供应热水，因此集中处理较为经济合理。如果是二层或三层的建筑，则应尽可能地使上下楼层的卫生间对齐，与其他空间适当分开，而厨房与浴厕之间需再作分隔，楼层的卫生间一般不能布置在餐厅、客厅、起居室等其他重要空间的上方，以免管道布置影响下部空间和引起不好的心理感受。

由于厨房和卫生间的功能差异，有时又必须布置在内外两个不同的区域，这时就需要我们对其位置进行精心的推敲，以取得最好的使用效果。

空间组织

从另一方面讲，住宅由于本身的功能及使用要求特点，在平面空间布局上又具有相当大的灵活性。住宅内部公共生活的多样性、客厅、起居室的多用途为创造丰富多彩的内部空间提供了极为有利的条件，空间的创造因此获得了极大的自由。所以，在满足基本功能分区的前提下，运用空间组合和形式构成的手法，创造出独特的、激动人心的空间效果也是极其重要的一环。

（1）线型组织：我们前面已经提到，小住宅从功能上有内外分区和动静分区的要求，究其原因是因为居住者的私密性要求，因此，在小住宅的平面设计中，可以按这一原则进行线型布置。即在入门的第一空间设置门厅作为预备空间，然后是待客、用餐及家居生活的第二层次，给人以一种外向性、开放的气氛，在这一层次中，同时运用隔断、轴线转换等手法来增加空间的层次感和含蓄性，最后安排私密性要求较高的卧室、书房等功能空间。在二层或三层的小住宅中，这一安排则表现为垂直方向的线型，即开放空间被设置在主入口所在的楼层，而将私密空间通过楼梯安排到其余楼层。

（2）中心组合：在独立式小住宅中，有一些空间或构件可以形成一个空间的秩序中心，如客厅、起居室、壁炉、楼梯等，围绕这些中心布置其他功能空间，不但可以缩短交通路线、平面舒展、自由，而且能产生空间的向心作用，有助于形成家庭的温馨氛围，创造宜人的室内环境。

（3）空间渗透与共享：由于生活方式和质量的差异以及建筑单元规模的不同，独立式小住宅比其他一般集合住宅给予了建筑师更多的自由来创造丰富、独特的住宅空间，内外渗透、上下共享成为小住宅设计中的一个重要手段。

家庭生活活动分析

家庭生活		活 动 特 征						适 宜 活 动 空 间	
分类	项目	集中	分散	活跃	安静	隐蔽	开放	分类	空间
休息	睡眠								卧室
	小憩								卧室
	养病								卧室
	更衣								更衣室、卧室
起居	团聚							居住部分	起居室
	会客								客厅
	音像								起居室
	娱乐								起居室、庭院
	运动								健身房
学习	阅读								书房
	工作								工作室
饮食	进餐								便餐室、餐厅
	宴请								餐厅
家务	育儿							辅助部分	起居室、卧室
	缝纫								起居室、家政室
	炊事								厨房
	洗晒								厨卫、阳台、家政室
	修理								杂物室
	储藏								储藏间
卫生	洗浴								卫生间
	便溺								厕所、卫生间
交通	通行							交通部分	过厅、过道、楼梯
	出入								过厅、过道

[复习参考题]

◎ 居住空间中的主要功能区域。

第三章　课程作业要求以及优秀作业赏析

第一节　　课程评图与作业

在本课程进行的四年多时间里，有近十多名老师参与了课程的辅导，其中包括除室内本专业老师外，还有建筑专业老师、景观专业老师、建筑院室内所和住宅院诸位老师，特别感谢他们付出的辛勤劳动。

作业内容：将要求学生调研一个人（可以是自己也可以是周遭的朋友）生活状态并选择北京市一个实际楼盘（面积控制在50～300平方米以内），结合对于使用者的分析与使用要求调研，进行相应室内设计。要求学生根据户型的基本情况模拟户主个人情况，完成一整套室内设计方案（表达方式不限）。

具体内容包括：使用者生活工作生活情况分析与个人爱好分析报告

基础设计意向

功能分析

设计草图（不少于15张）

总平面一张

主要视角效果图3张（表达方式不限）

最终设计说明

汇报用ppt文件

课程作业要求重点：

使用者工作生活情况分析与个人爱好分析报告——考查学生的调研与分析能力

设计草图——考查学生的设计创意表达能力

主要视角效果图三张——考查学生的设计最终表达能力

汇报用ppt文件——考查学生的总结归纳表述能力

图1 评图现场

图2 评图现场

图3 评图现场

第二节　优秀作业赏析

以下选取了几年来，分数85分以上，比较具有代表性的优秀作业。

同学的排名不分先后，也无成绩高低之分

01.邢磊

点评：本同学较好地分析了假想使用者的喜好，大胆地将不好匹配的颜色较好地在空间中表达出来，形成了一种比较好的空间品质。同时，在表达上，大胆地使用了渲染与绘图板结合的形式，使整个习作有了比较好的氛围表达。

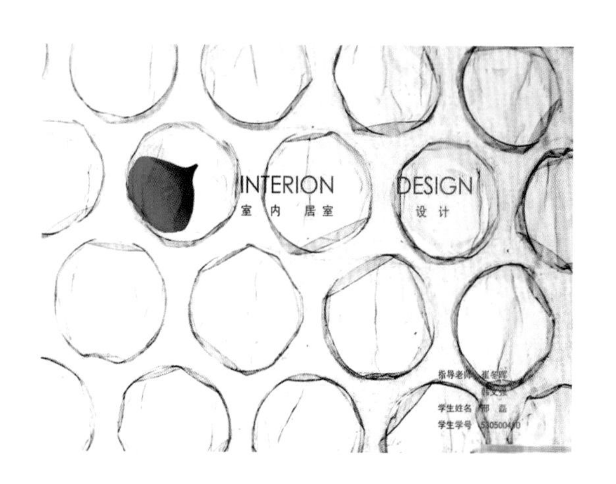

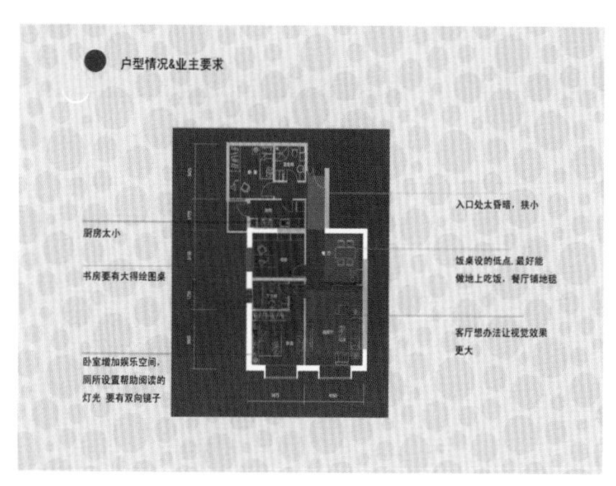

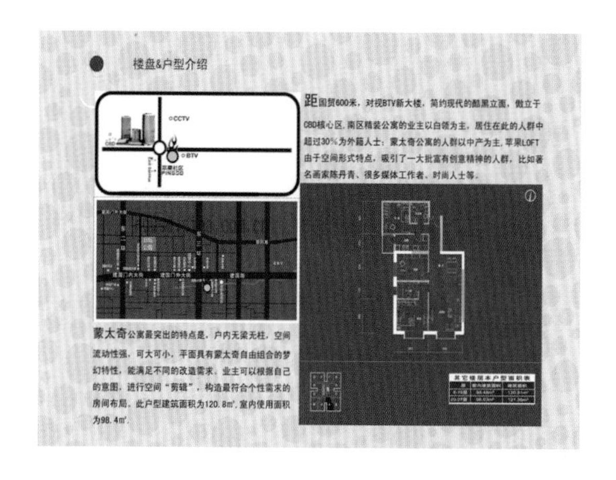

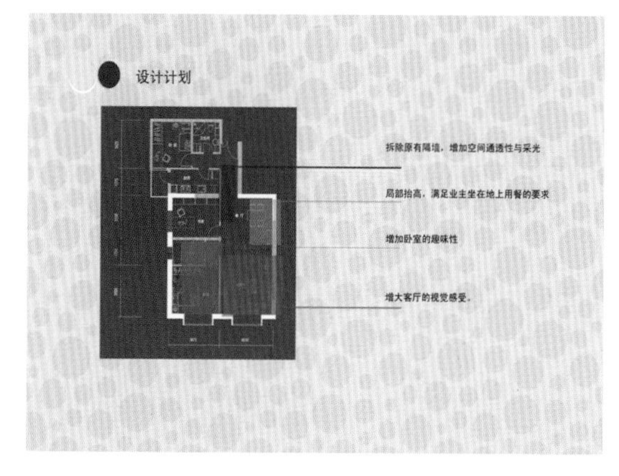

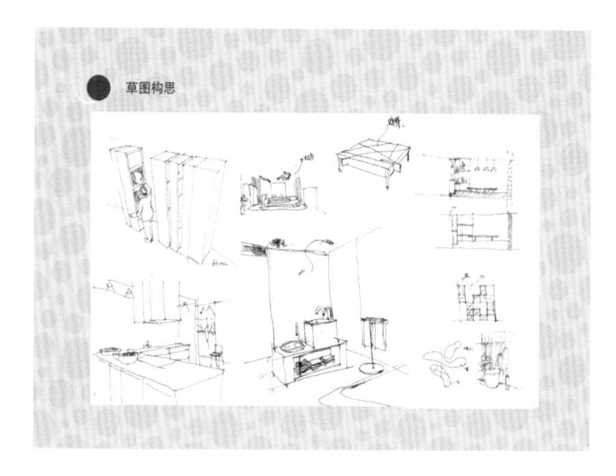

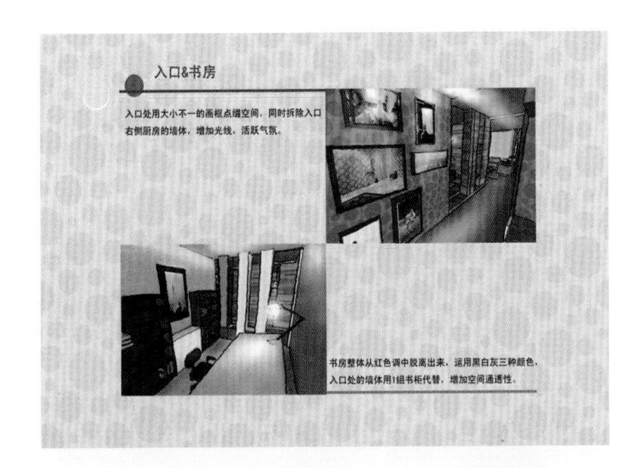
入口&书房
入口处用大小不一的画框点缀空间，同时拆除入口
右侧厨房的墙体，增加光线，活跃气氛。
书房整体从红色调中脱离出来，运用黑白灰三种颜色，
入口处的墙体用1组书柜代替，增加空间通透性。

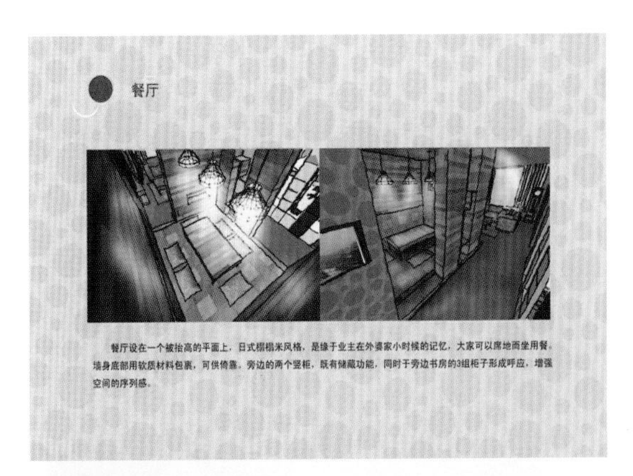
餐厅
餐厅设在一个被抬高的平面上，日式榻榻米风格，是缘于业主在外婆家小时候的记忆，大家可以席地而坐用餐。
墙身底部用软质材料包裹，可供倚靠。旁边的两个竖柜，既有储藏功能，同时于旁边书房的3组柜子形成呼应，增强
空间的序列感。

卧室
卧室主要为暗红色的基调，用一个大的衣柜将
原有的墙体代替，同时将卫生间透明化，增加
情趣。

客厅

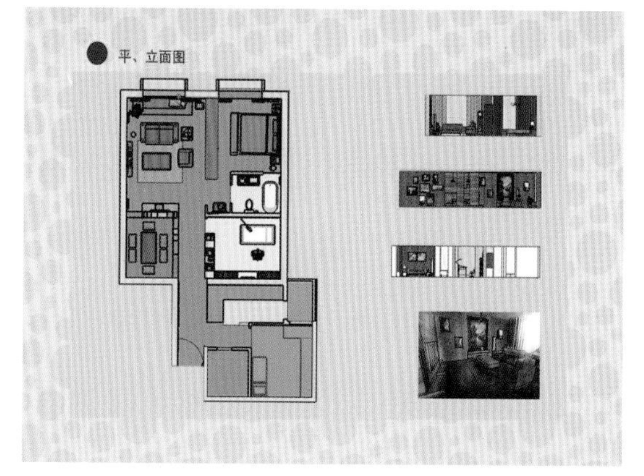
平、立面图

02. 佚名（本位同学未在作业中署名）

点评：本习作同学专注课程中设计流程的掌握。作业中要求的调研分析业主、将爱好与设计愿望融合进方案、方案深化、表达这一流程表达得相当清晰，既有感性的收集，又有理性的梳理与设计。图形表达也很有新意，图面表达翔实、细腻、清新。不失为一个完整而优秀的课程习作。移动家具的设计也突出了很多功能性新意。

b-BOX
DESIGNED BY TIA
DIRECTED BY MS QIU
FOR MY BEST FRIEND KAHN

Kahn

male 19岁 环境艺术设计系三年级学生
双鱼座 沉稳 细致 刚强的男孩
喜欢轻音乐 外文歌曲 篮球
他朋友不太多，是个工作狂，至少以我现在的理解是，当然代价也足够大。作为他三年的高中好友，他谦逊而略显自卑的状态一直伴随着他，当时的我们似乎都有些许这样的经历吧，三年又过去了，现在我为他设计一套住宅作为新年礼物，为了纪念我们的友谊，表达我的祝福。

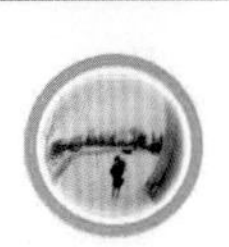

PART ONE

KANG 的个人喜好：素雅的颜色搭配、淡蓝色或白色为主题色、圆滑的围合形式或有一定几何构成规律的空间分布，偏爱极简主义风格。

TIA 的初步构思：

1 建造一个具有安全感的内向型空间.

2 颜色的净化特征.(运用不同性格的颜色协调居住者的日常生活.)

3 试图把轻音乐的节奏和层次感移植到居住场所中，同建筑语言相结合.

4 家具的再设计(适合居住者本人的生活习惯和行为方式.)

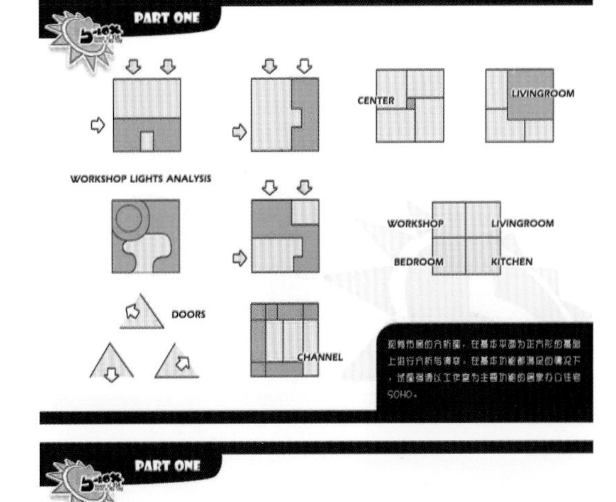

现有布局的分析图，在基本平面为正方形的基础上进行分析与演变。在基本功能都满足的情况下，试图强调以工作室为主要功能的居家办公住宅SOHO。

PART ONE

TIA进一步分析：

由于专业特殊性业主日常生活不是很规律，是个工作室上，理想室上的工作狂，因此方案的构思、设计、实施过程中我力图用合理的空间分布将居住者的生活规律化，具体体现在居住空间的流线上，并对原有平面做了大幅调整。

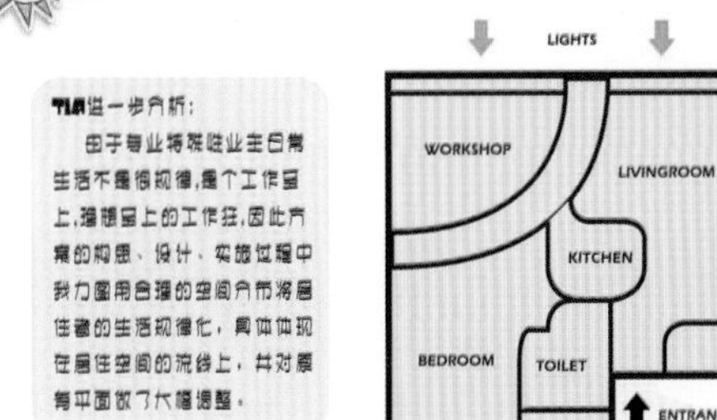

综上所述，满足居住者的需求和设计者的构思，使空间是一个以工作室功能为主（拥有最大面积，最好的朝向）同时将厨房这个特有的功能区强调出来，从各个室内的空间都可以方便的到达厨房，这将对于繁忙工作的居家办公者带来一种“健康”空间暗示，这样室内就形成了环绕厨房岛的不同功能区。

PART ONE

经过草图阶段后，形成了相对完整的平面，如右图，其正中厨房部分的B字形隔墙为分割正个空间的基础，这样形成了明确的功能区，厨房的排水由埋入地下的管道通达厕所的排水管，解决排水问题.

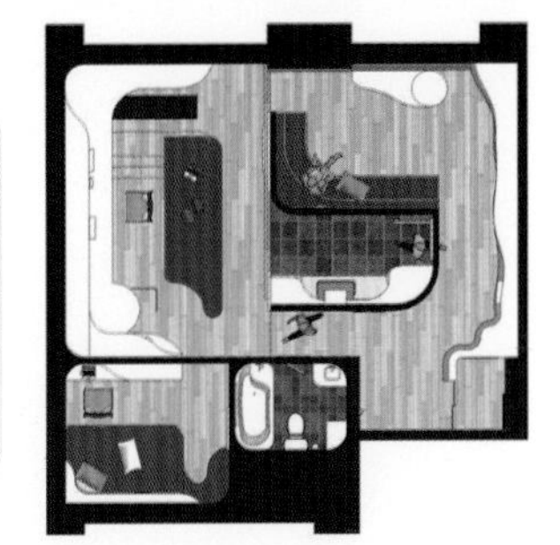

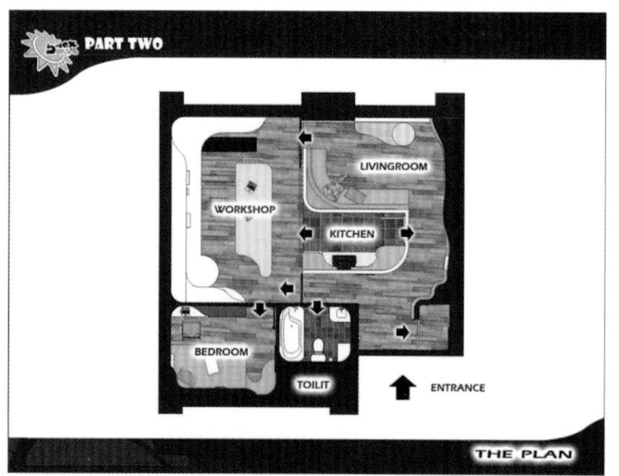
PART TWO
LIVINGROOM
WORKSHOP
KITCHEN
BEDROOM
TOILIT
ENTRANCE
THE PLAN

PART TWO
WORKSHOP

PART TWO
ONE WAY
ENTRANCE

PART TWO
WORKSHOP

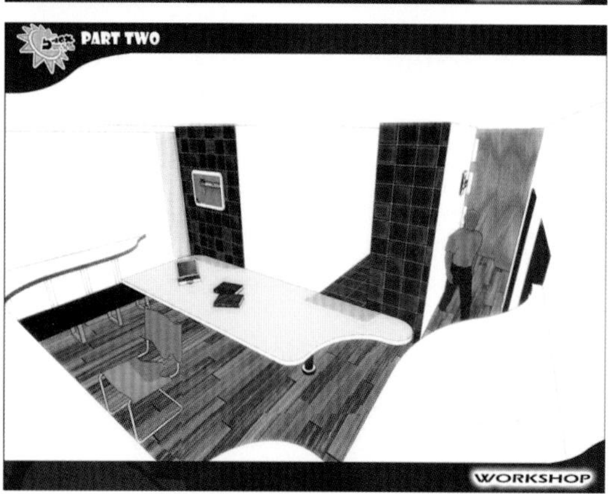
PART TWO
WORKSHOP

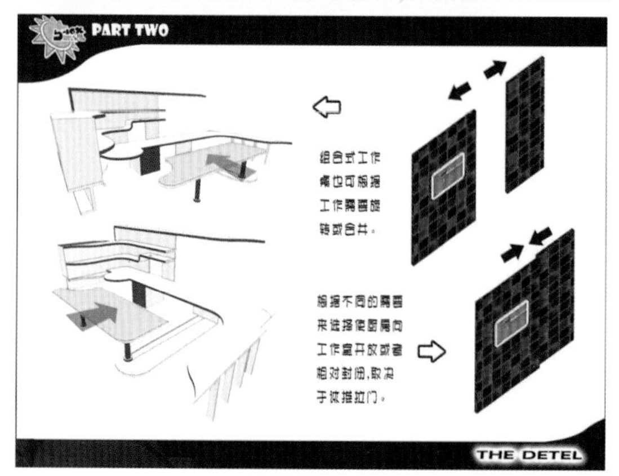
PART TWO
组合式工作桌也可根据工作需要旋转或合并。
根据不同的需要来选择使围周的工作室开放或者相对封闭,取决于该推拉门。
THE DETEL

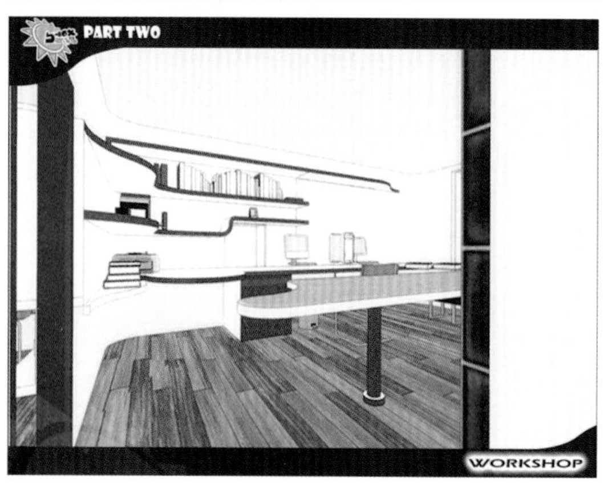
PART TWO
WORKSHOP

PART TWO
BEDROOM

PART TWO
BEDROOM

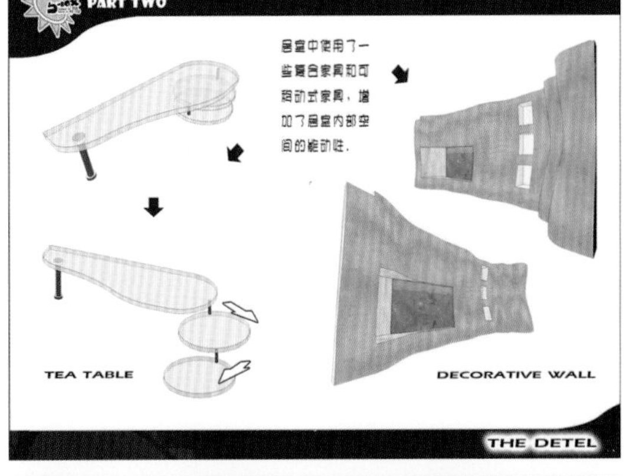
PART TWO
居室中使用了一
些复合家具和可
移动式家具，增
加了居室内部空
间的能动性.
TEA TABLE
DECORATIVE WALL
THE DETEL

PART TWO
BEDROOM

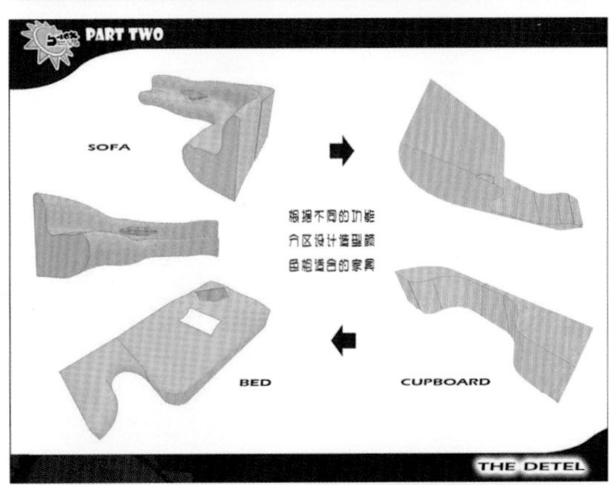
PART TWO
SOFA
根据不同的功能
分区设计造型颜
色相适合的家具
BED
CUPBOARD
THE DETEL

PART TWO
LIVINGROOM

PART TWO
KICTHEN

PART TWO
LIVINGROOM

PART TWO
KICTHEN

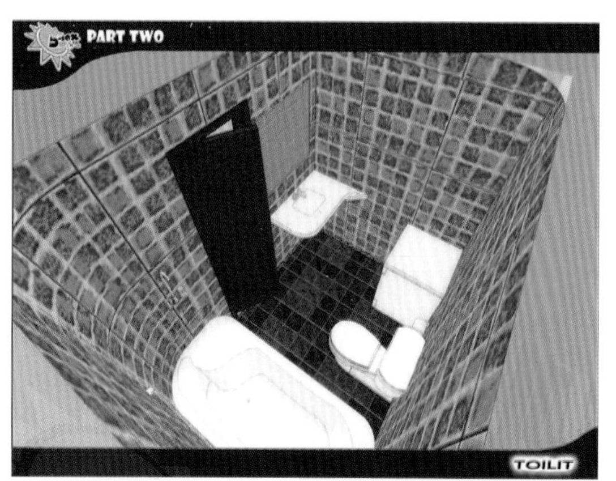
PART TWO
TOILIT

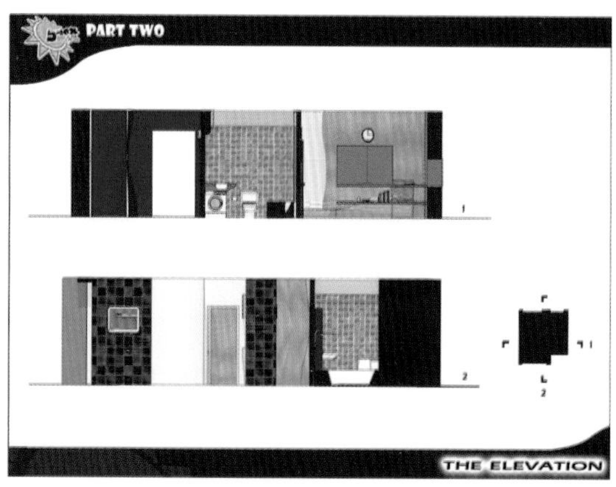
PART TWO
THE ELEVATION

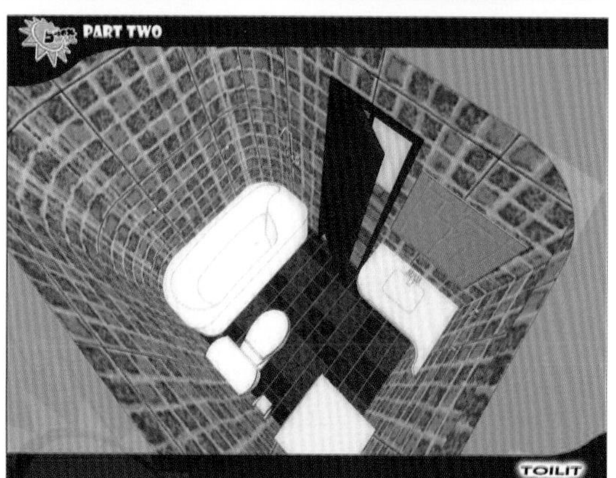
PART TWO
TOILIT

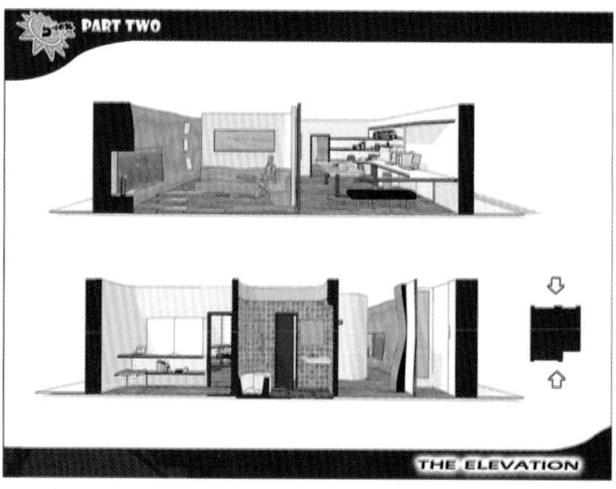
PART TWO
THE ELEVATION

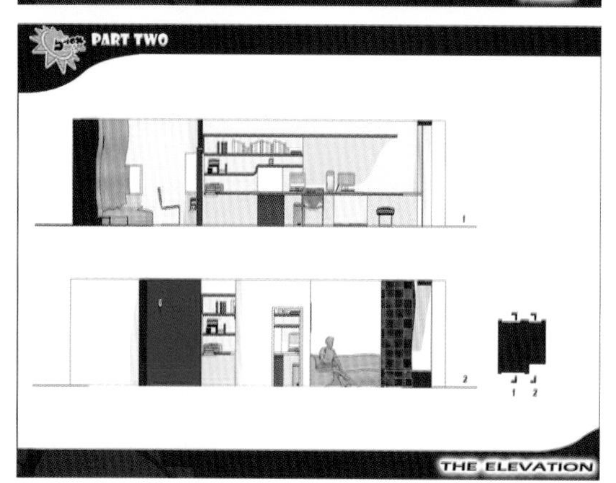
PART TWO
THE ELEVATION

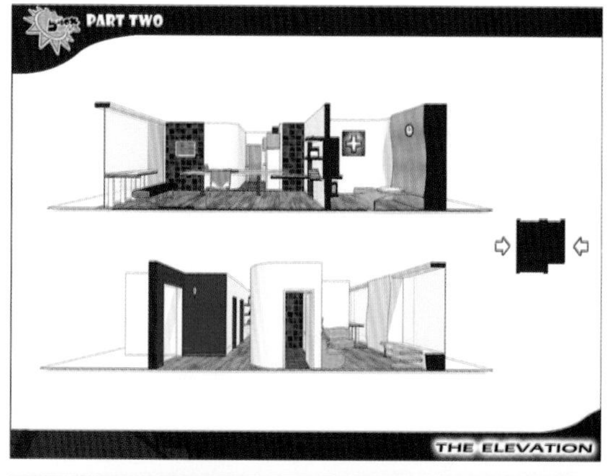
PART TWO
THE ELEVATION

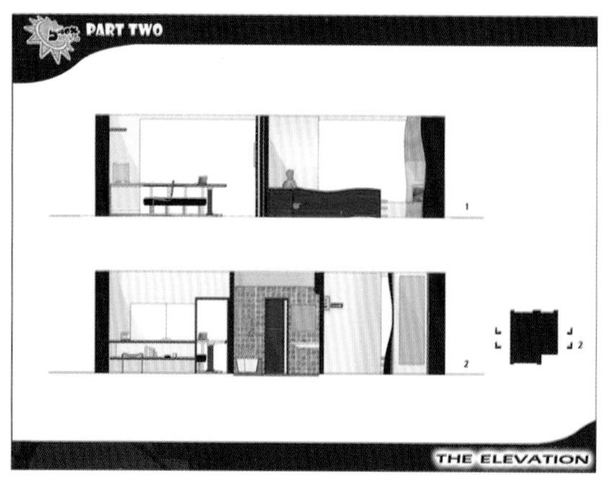
PART TWO
THE ELEVATION

经过几周的努力所经历的不仅仅是
设计一座居室，而是在经历过幼儿
园设计之后的对小型体量空间语言
的又一次尝试，在过程中吸收，在
过程中品味 B-sex！

03.胡娜

点评：本同学以女孩特有的敏感气质进行了这一习作的表达部分。手绘的表达形式流畅而温和。设计内容比较倾向在室内的色彩与饰物装饰上，比较符合使用者的年龄与气质，又加之使用一种速写式的表达，使这一空间的设计意向表达得十分到位。

对业主的简介：

一个二十出头的女生，性格很难用一个词语简单的描述。

总之，她是个性格多变的女孩子，并向着更加复杂的方向发展。

她喜欢电影，音乐，看书，绘画和与艺术有关的一些事物以及上网聊天。

其中酷爱电影艺术。

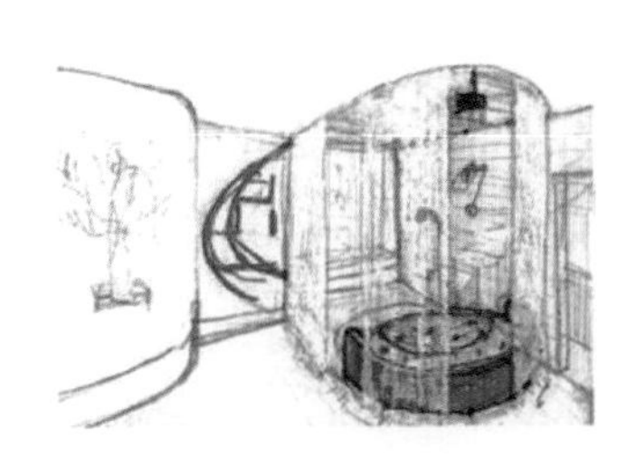

以白色为主基调，配以红色的饰品及家具给人以一种超越时空的纯净的灵动美感。

黑白灰的基调，细线条的家具，金银色的饰品皮脂，玻璃镜子等材质的混合应用已呈现高贵的冷艳之美。

• 户型：

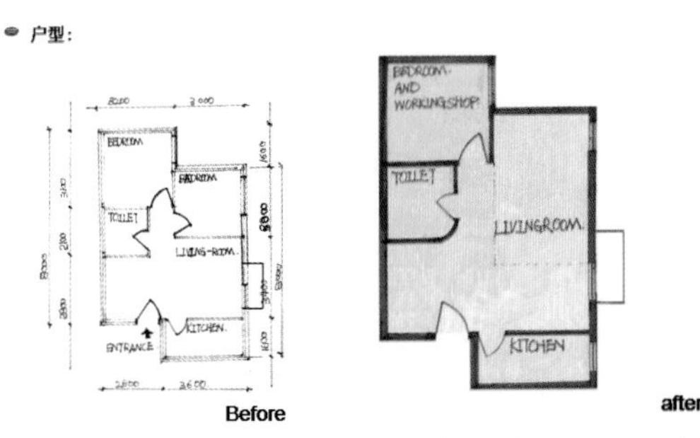

位于太阳宫半岛国际公寓，使用面积为64.32平方米，选择的理由是它的形状简单且面积较小比较适合单身的人居住，室内无承重墙，利于拆分。

初步改造是将冲着门口的墙角改成弧形，避免不舒适感，拆掉隔墙客厅的视野更开阔。

主题风格：

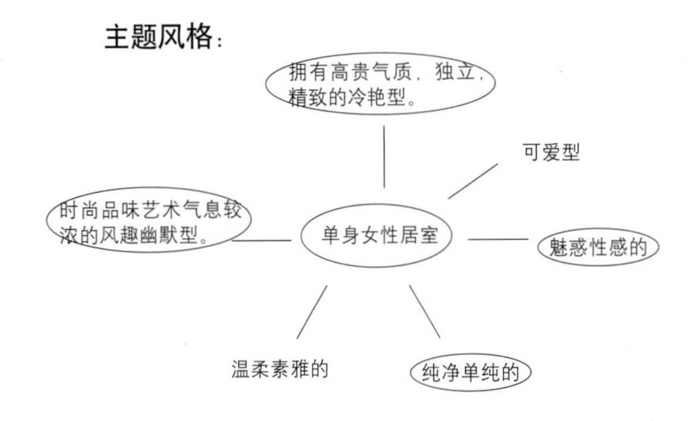

业主对空间功能的需求，色彩的喜好及特殊要求：

1 希望每个房间都能有不同的体验，不论是刺激的还是平和，什么风格都可以但要有一种气氛在。

2 有一个足够大且足够舒适的地方用来看电影，一个不用很大但足够封闭，来人不易察觉的私密的办公空间。

3 特别喜欢红色和粉色。

4 有一个巨大的书柜或书架。

对业业主要求的分析：

1 营造气氛的空间，风格不限。

2 舒适的影视空间，私密的办公空间，巨大的书架或柜。

3 红色和粉色的应用。

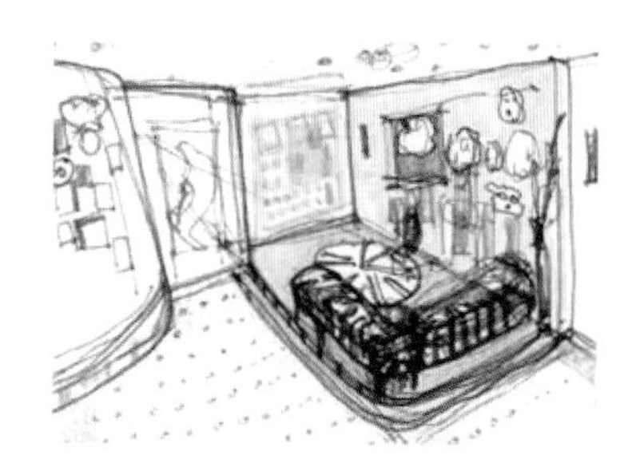

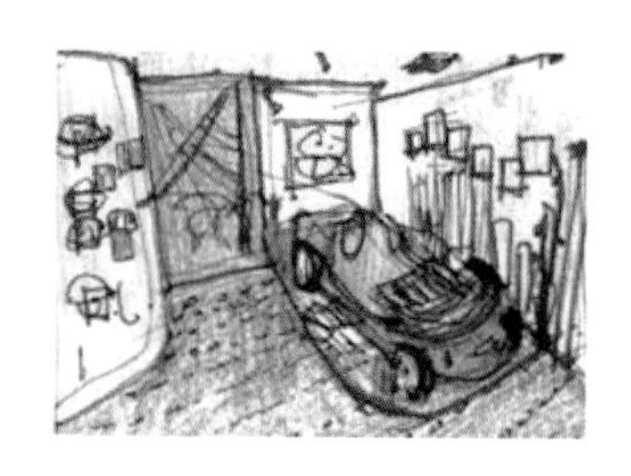

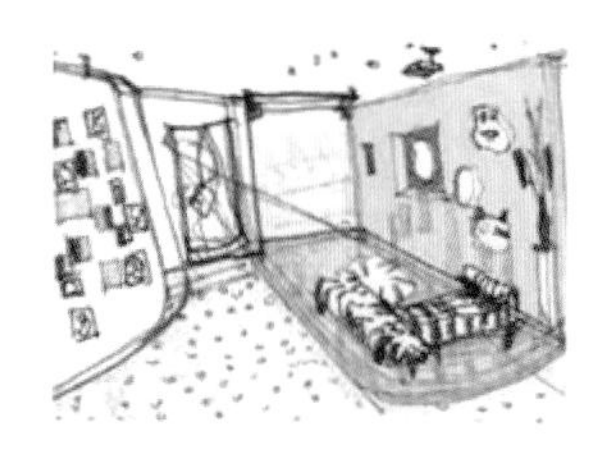

世上前卫的家具风格，抽象精致趣味的饰品和手法已表现出风趣幽默的人性美感。

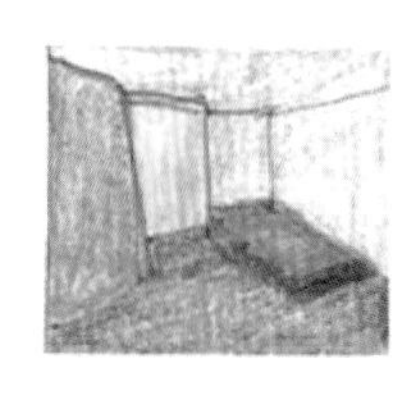

用热烈的色彩，夸张的饰品摆设营造出一种野性的风格。

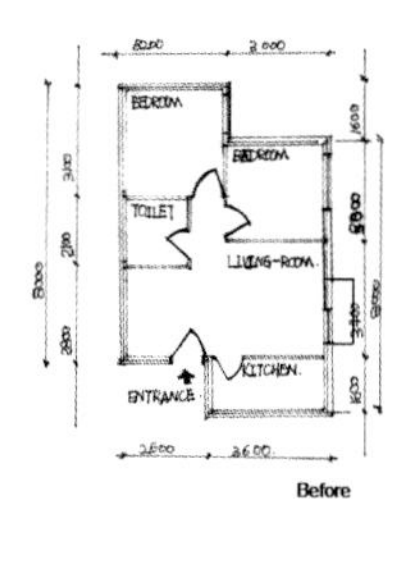

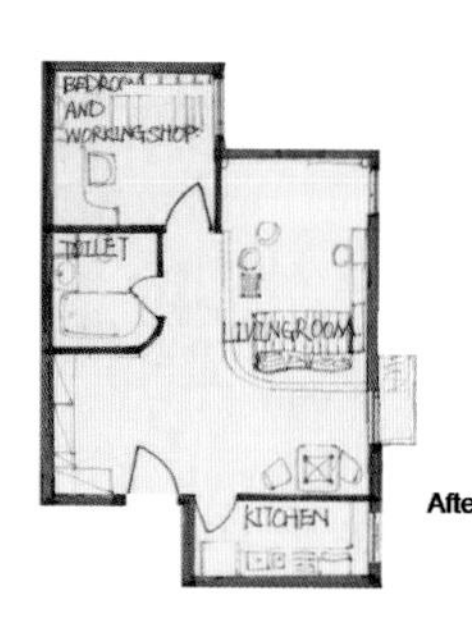

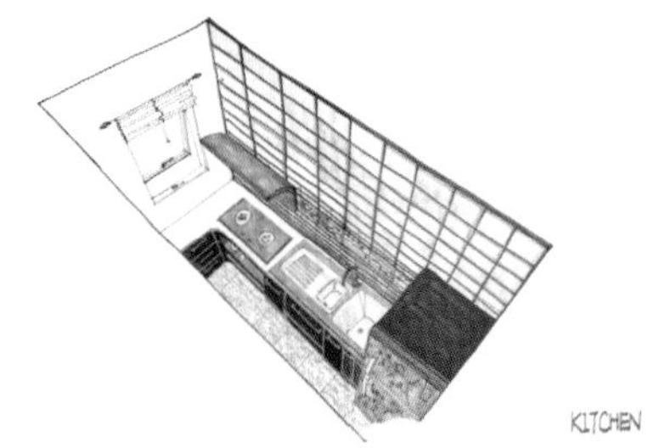

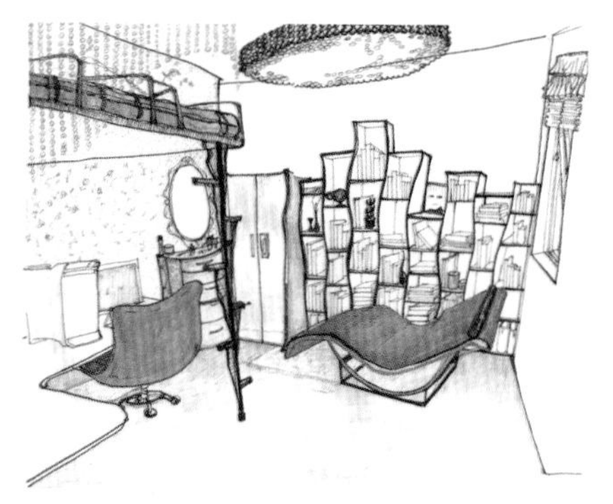

04.佚名

点评：这一习作充满了人文关怀的意味。从使用者上，作者选取了老人作为这个空间的使用者。这在这个课程中是比较少见的。学生详细分析了老人的生活习惯与需要注意的生活细节，融合到这一空间设计中。并利用充满温馨手法的手绘表达形式，刻画出这一充满人性温馨、实用而舒适的居住空间。设计注重的是老人生活上特别需要的小家具，并将其与空间功能等结合在一起，设计出这一完整而注重老人关怀的设计习作。

设计说明：

后现代城室内设计说明/业主调查报告

业主调查

地点：后现代城

业主：奶奶

要求：舒适、朴实、有亲和力，方便众人聚会

业主是独居，居住面积90多平方米的房子显得大了些，但对于每周末固定的十几人的聚会却是刚好合适的。因此在设计上需要做到：平时居住人少时不显得太空旷，人多时又恰到好处。老人日常活动为：睡觉/简单的运动/烹饪/吃饭/念佛/看新闻/家中会友/洗衣/打扫/养一只小猫。周末家人的主要活动有：麻将/聊天/烹饪/聚餐（午餐是正餐）/看电视节目/看书/学习（小孩）/与小猫玩耍。由于是四川人的缘故，业主及其家人比较爱好下厨做饭，所以厨房成为整个设计的中心之一，另外一个就是娱乐区域。

由于是老人居住，所以要考虑很多安全方面的问题，比如：尽量采用圆角家具，橱柜、衣柜等不宜过高，地面要防滑、铺地毯，浴室、厕所要有扶手，报警等设施完备。老人还希望室内能有很好的通风，不吊顶。

设计说明

我推掉了原左半部分所有的隔墙，使之成为通透的大空间，用玻璃做厨房餐厅与客厅的隔段，防止油烟进入客厅，同时又让视线可以相互穿透，人多时会感觉很热闹（人们在不同的空间里做事又互相能够看见）还有一个原因，这个户型的位置较好，光照充足，为了让几乎每一扇窗户透过的光线都能集中到餐厅与客厅，用玻璃做隔段是最合适的。

地板采用实木，刷深红色漆，制造怀旧感。

客厅分两部分：麻将区和电视区。这两个区域要隔开一点以免互相干扰，电视区在南部，光照好，铺有一块羊毛地毯，柔软舒适，这里的沙发可随时放倒成为一张舒适的床，供留宿的家人用。这个区域放了很多盆栽植物，清洁空气，业主养花草，自己也种葱、姜。麻将区是周末家人的重要活动位置，放在偏中心的位置。

厨房餐厅合并在一起，中间隔了一个饭菜的中转台子，平时做吧台用也可（不过家人好像没有这个习惯）。周末虽然大家在厨房聚餐的时间不过1小时左右，但却是日常生活最重要的部分，是家人交流情感的地方。这里室内灯光是最明亮的，最柔和的是电视区。

主卧，只有一个卧室，就是主卧。卧室南部用半透明的屏障隔出小阳台，用于储藏和晾晒衣物。半透明的屏障还可起到柔化卧室光线的作用，保证午睡的人不受影响。主卧的床是靠墙的硬板双人床，方便老人休息，也很健康安全。床尾那一头设有一个供桌，业主信佛，每日早晚都要在这里诵经念佛。

浴室和厕所是分开的，这样比较卫生。浴室的浴池是站式淋浴，旁边设有浴凳，方便老人使用。

入口玄关呈细长条形，打柔和灯光，门背后是鞋柜。玄关走廊悬挂家人创作的画作。

后现代城室内设计

- 建筑面积：125.10平方米
- 套内建筑面积：96.24平方米

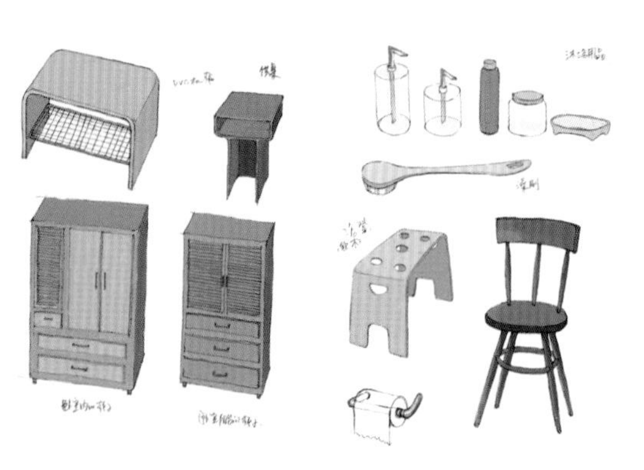

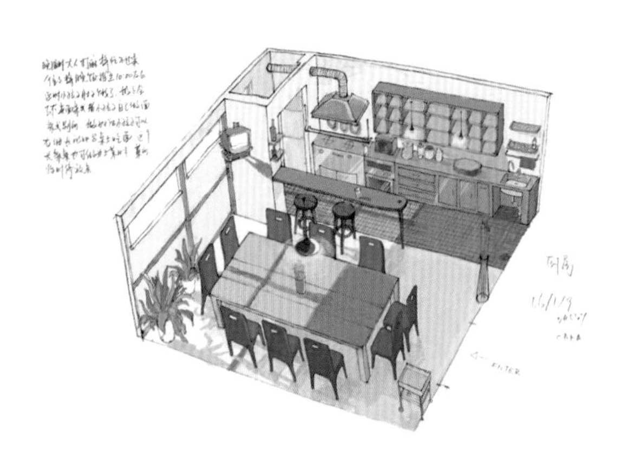

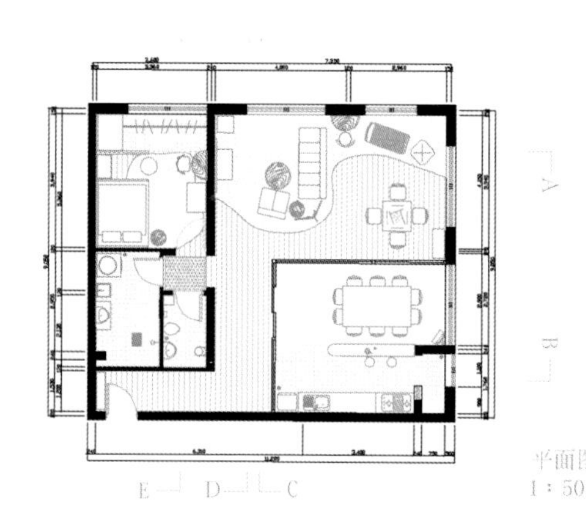

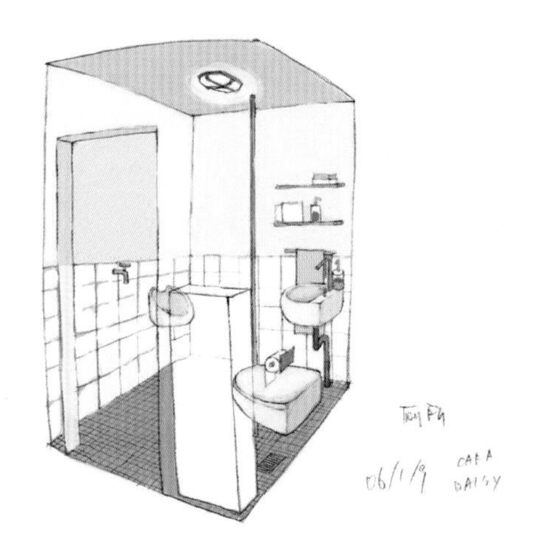

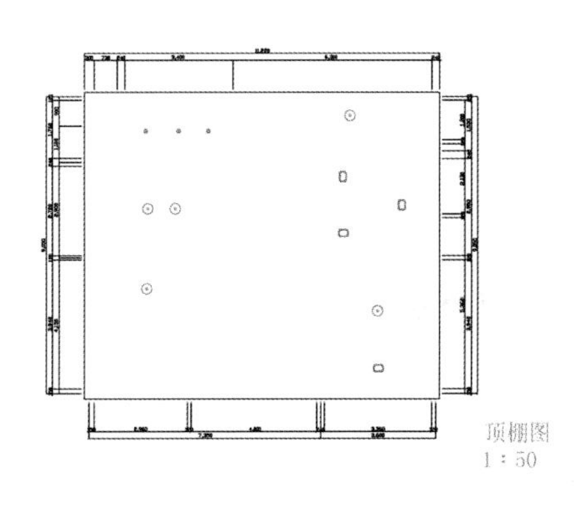

顶棚图
1∶50

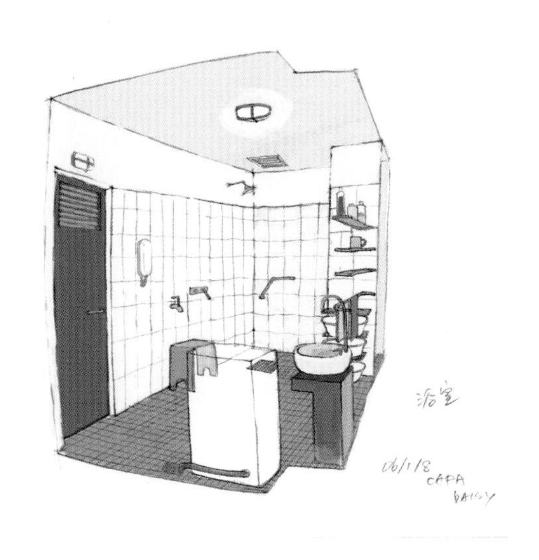

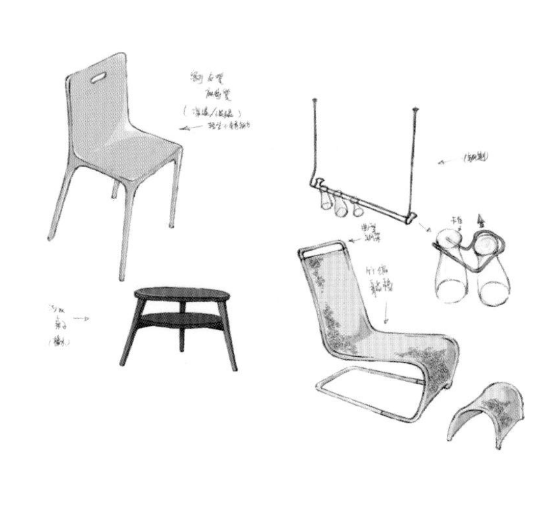

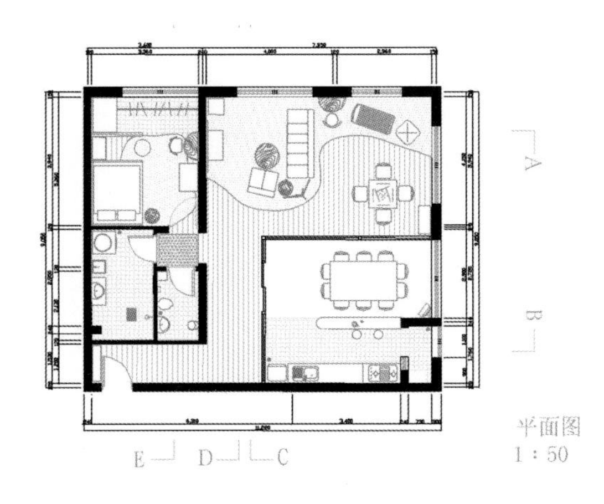

平面图
1∶50

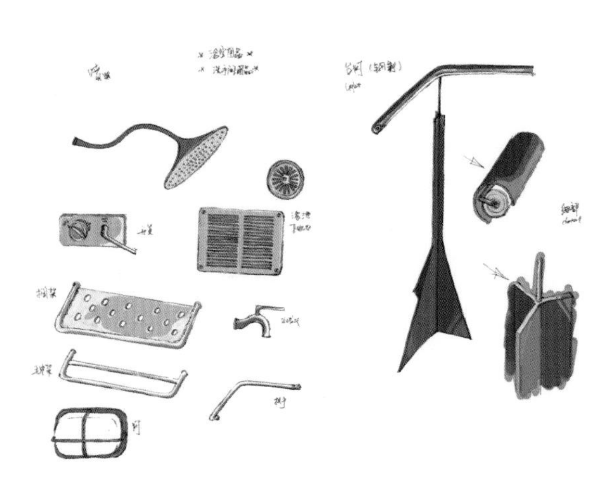

05.霍兴海

点评：本同学有较好的电脑渲染技术，从户型中建筑构造的特点出发，着重通过光线在建筑构造中的变化，介入室内设计。很好地讨论了室内设计中，建筑元素与室内设计之间的关系。室内表达良好，设计方案简约稳重。

设计说明：

该楼盘为望京地区新开发的行政办公酒店，套内面积70平方米。空间特点：整栋建筑采用框架结构，内部墙体均为轻质隔墙，不起承重作用，建筑外皮采用双层玻璃，环保节能。室内空间近似方形，空间安静，让人不忍心打破这里的宁静，只有角柱破坏了完整的正方形，但总体来说空间很整，没有性格，适合改造。房间位于建筑物的东南角，采光充足，东、南两方向采用落地玻璃幕墙，采光方面应多注意遮阳。图中三个红色的点标明了既有的输水管道的位置，暗示了厕所和厨房的位置。

从图示的关系来看，门厅、厕所、主功能区的形状基本规则，但是主功能区的空间完整性被一根柱子打破，此时，这根柱子成为空间的侵入者，它的位置恰好位于房间的东南角，属于视觉上起主导地位的角落，此地，这根柱子变成了空间的领导者，它使空间具有相当大的可视性。当人们处于此空间中任意一点时，它的大部分时间会停留在这根柱子上，以及它所引起的变化上。当人们在此空间中待一天，会感觉柱子成为空间中最活跃的一个因素，由它所引起的一天内的投影的变化会打破空间的宁静，成为一个有趣的因素。于是，得到了一个设计的出发点，就是强化这根柱子的领域性，强调它的统帅感觉，将抽象的时间所引起的图像变化转化成具象的物质化的永久存在的统领感，不管白天还是晚上都能发挥其作用。

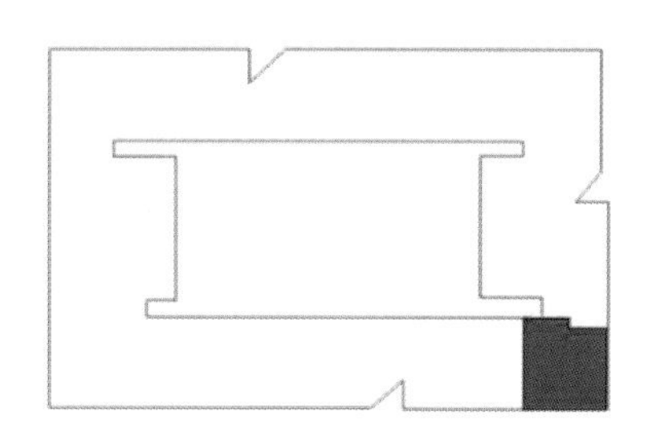

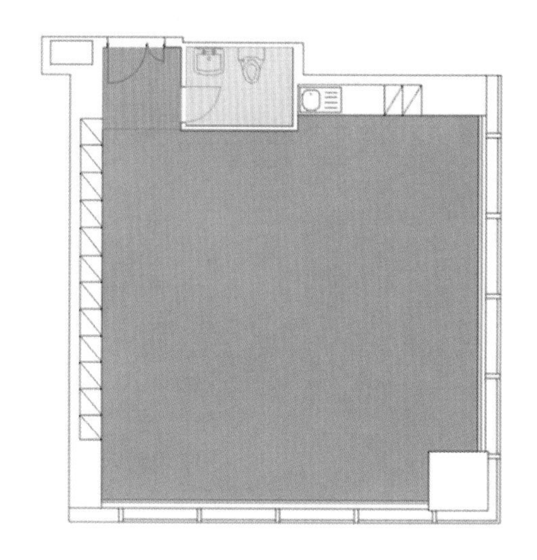

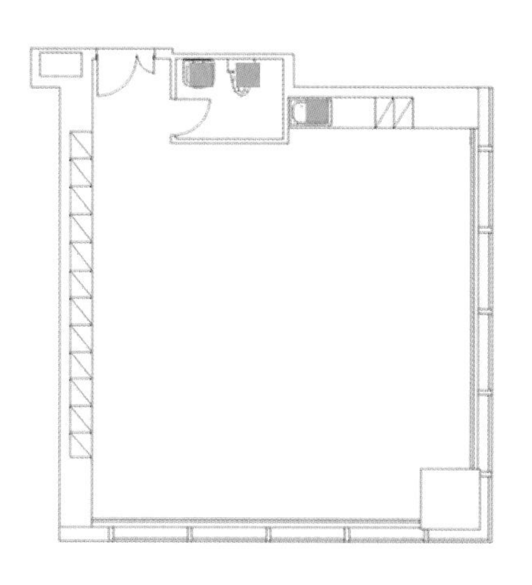

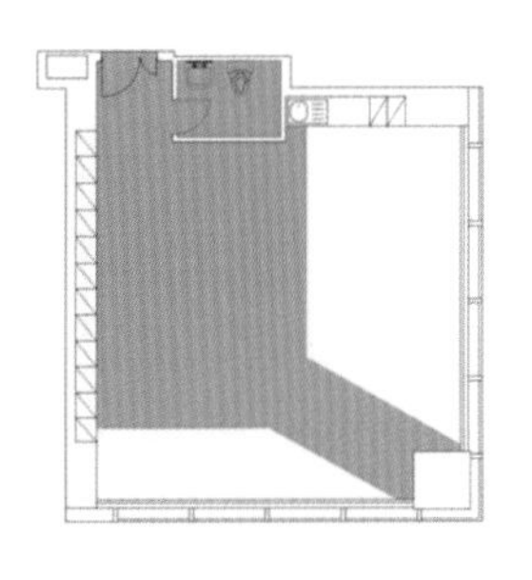

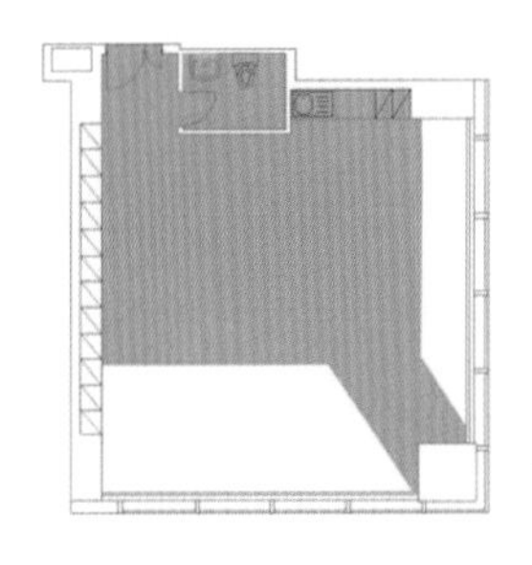

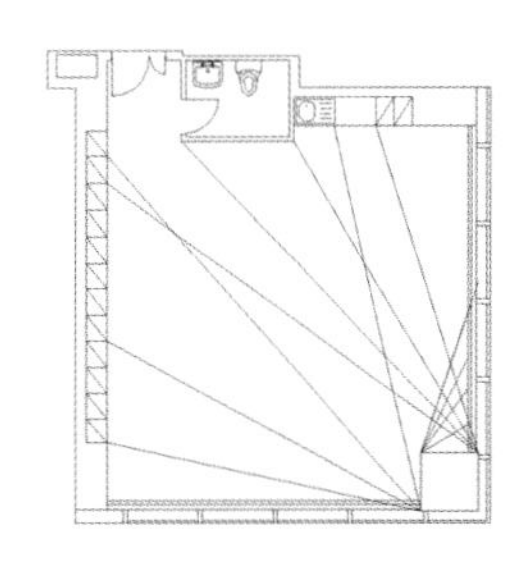

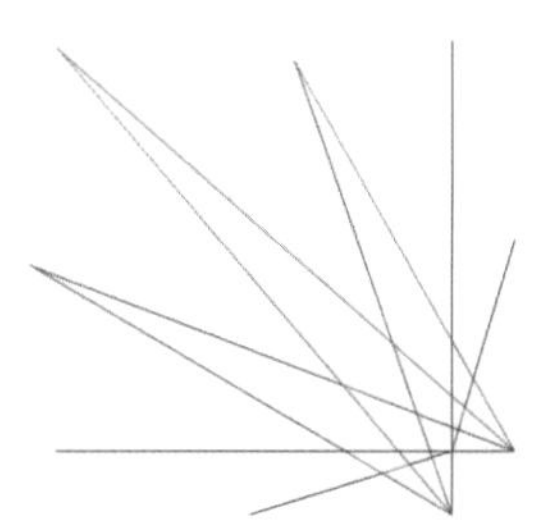

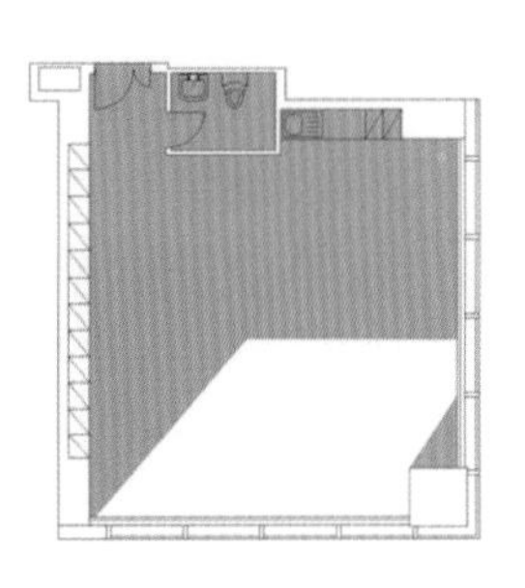

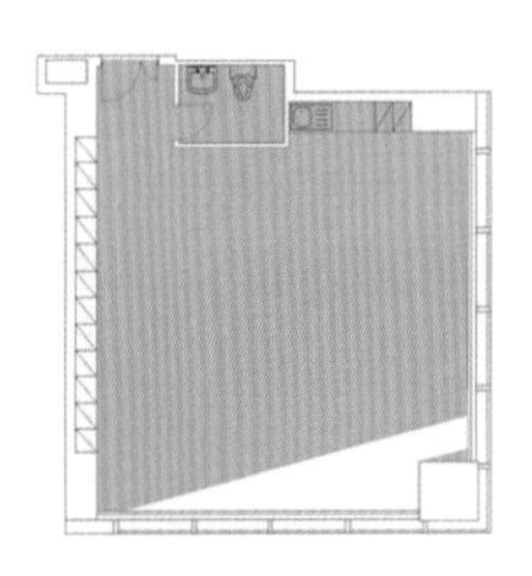

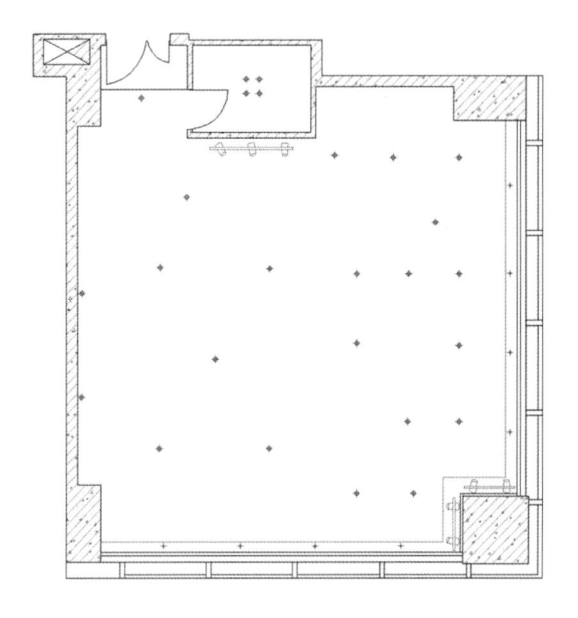

下图为一年内某一天太阳运动对投影造成的影响轨迹图将一天内重要时间点产生的投影的边线提取出来，进行整合，然后抽象化，再整合，产生一个有秩序的图形，暗示了某种物质统领全局的属性。

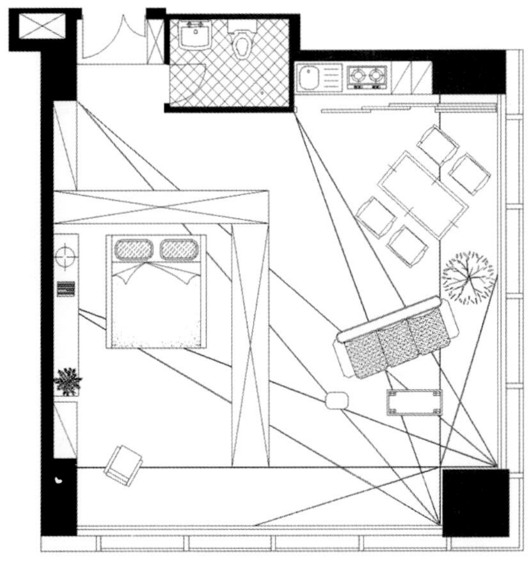

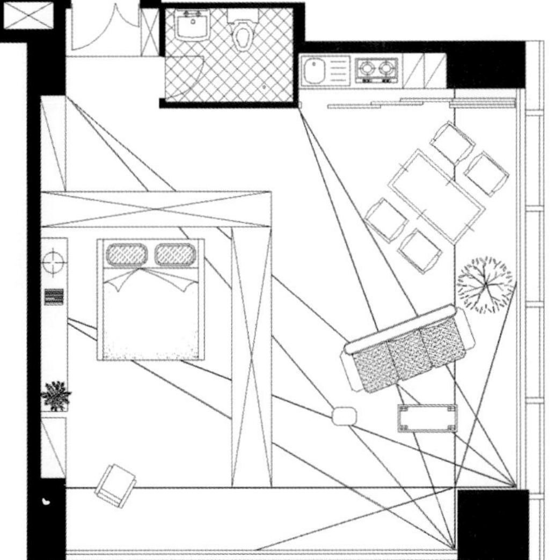

天花灯位图

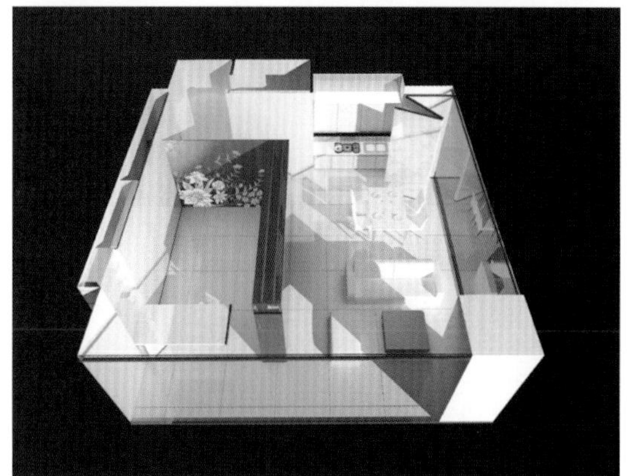

轴测图

白天效果

夜晚效果

06.郭曦

点评：因为主题是“致简居”，从表达到汇报排版均以极简风格出现。学生对于课程非常认真，单从排版就能看出。课程从对使用者的分析、爱好、户型分析、设计思考、草图、深化到最后的渲染与表达，均可圈可点。整个作业的表达非常清晰流畅。能看到学生对于空间的理解，与本课程想表达的目标都非常了解。

设计说明：

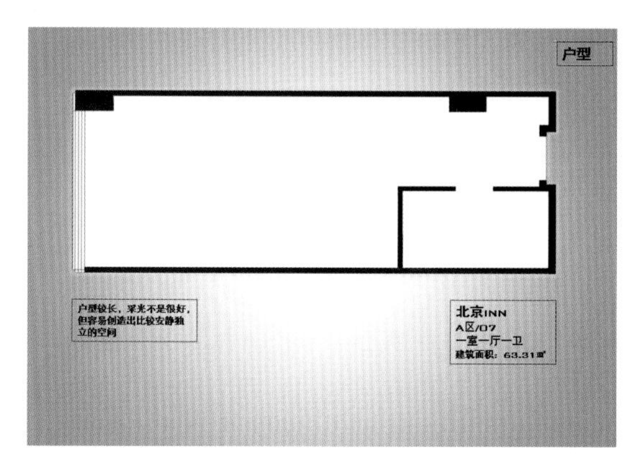

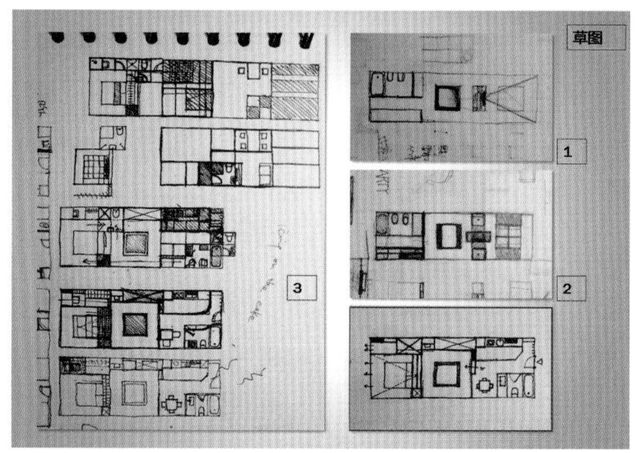

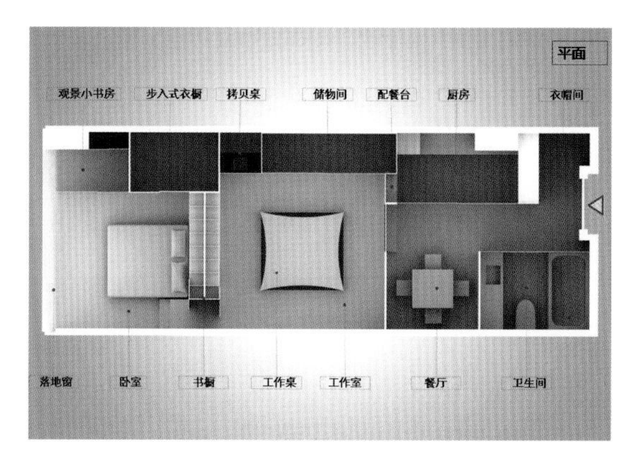

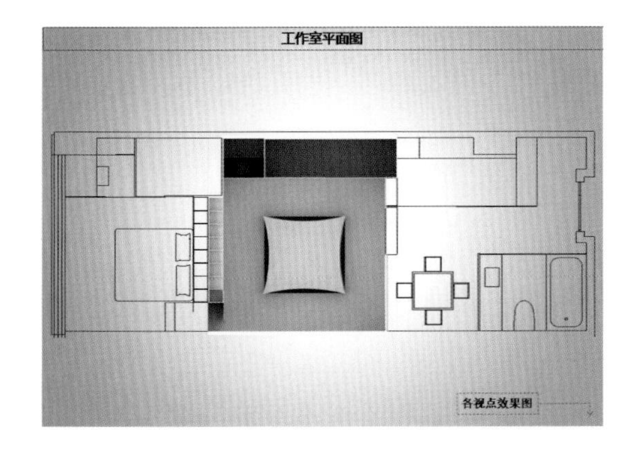
工作室平面图
各视点效果图

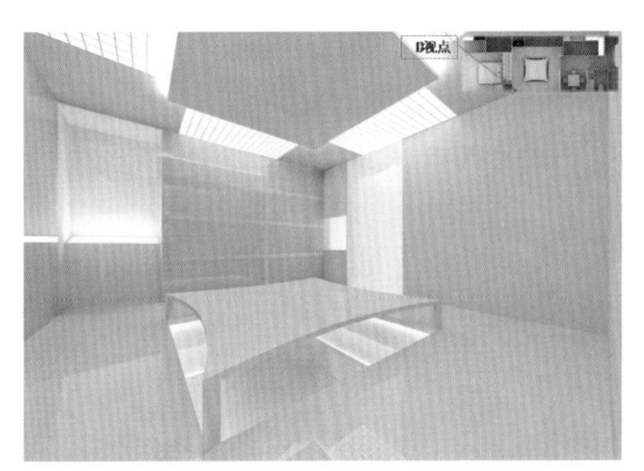
D视点

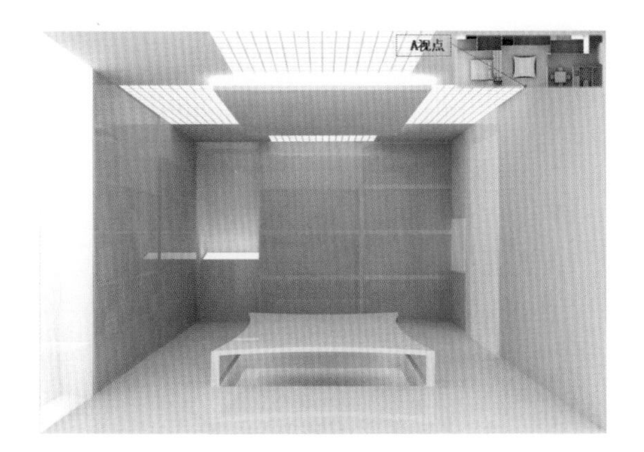
A视点

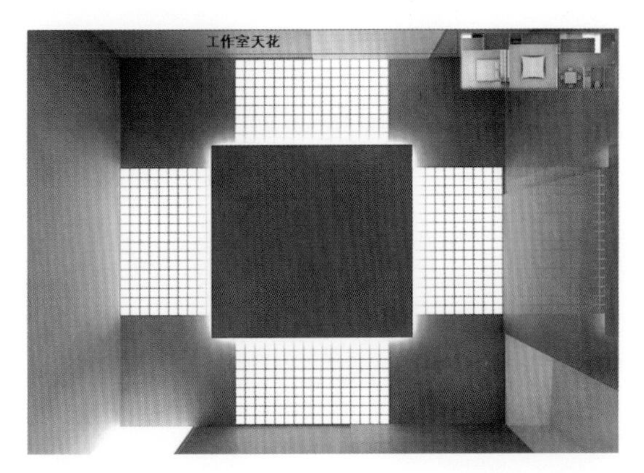
工作室天花

B视点

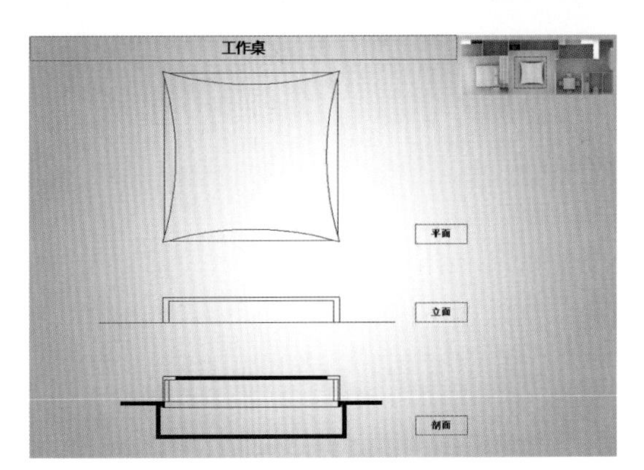
工作桌
平面
立面
剖面

C视点

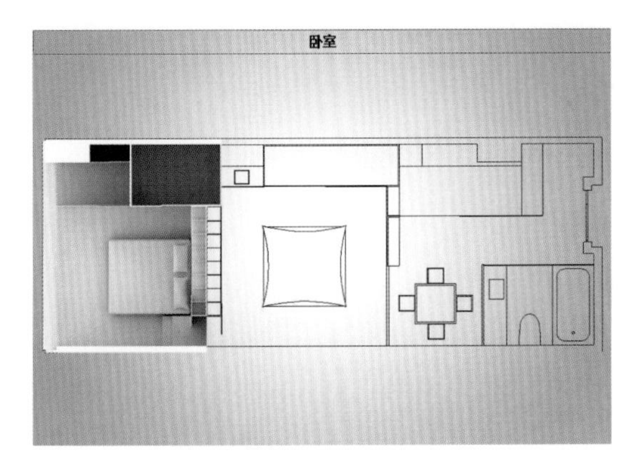
卧室

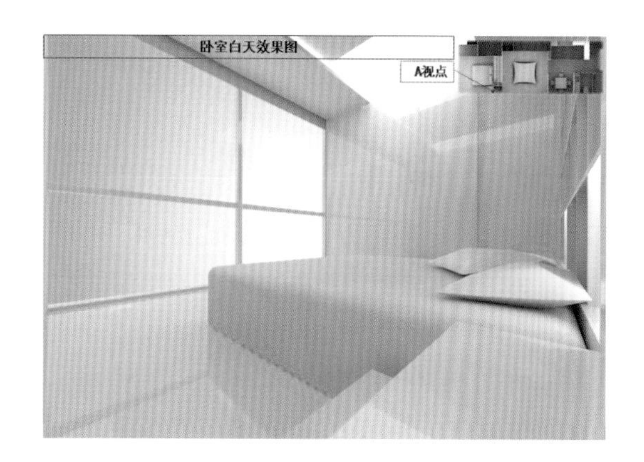
卧室白天效果图
A视点

家庭影院效果

卧室白天效果图
B视点

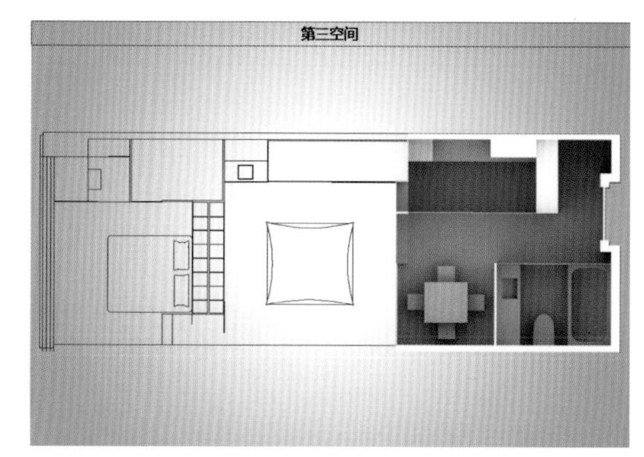
第三空间

卧室夜间效果图
A视点

走道空间
A视点

卧室晚间实景效果图
A视点

厨房
B视点

餐厅
C视点

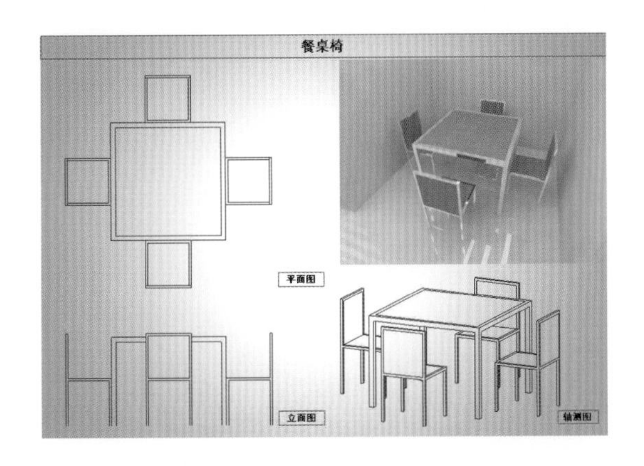
餐桌椅
平面图
立面图
轴测图

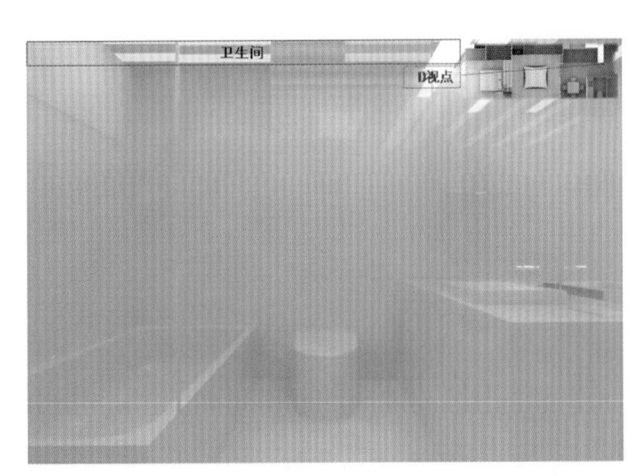
卫生间
D视点

07.郭国文

讲评：学生对待这个习作非常认真。正因为假想的使用者是一名御宅组，所以学生的所有表达基本以日本漫画式的表达方式来绘制。充分考虑到使用者的种种爱好与生活习惯，设计基本考虑到了这些需要，并以相匹配的表达手段表达，气氛制作得非常精准与精细、精致。

使用者分析：

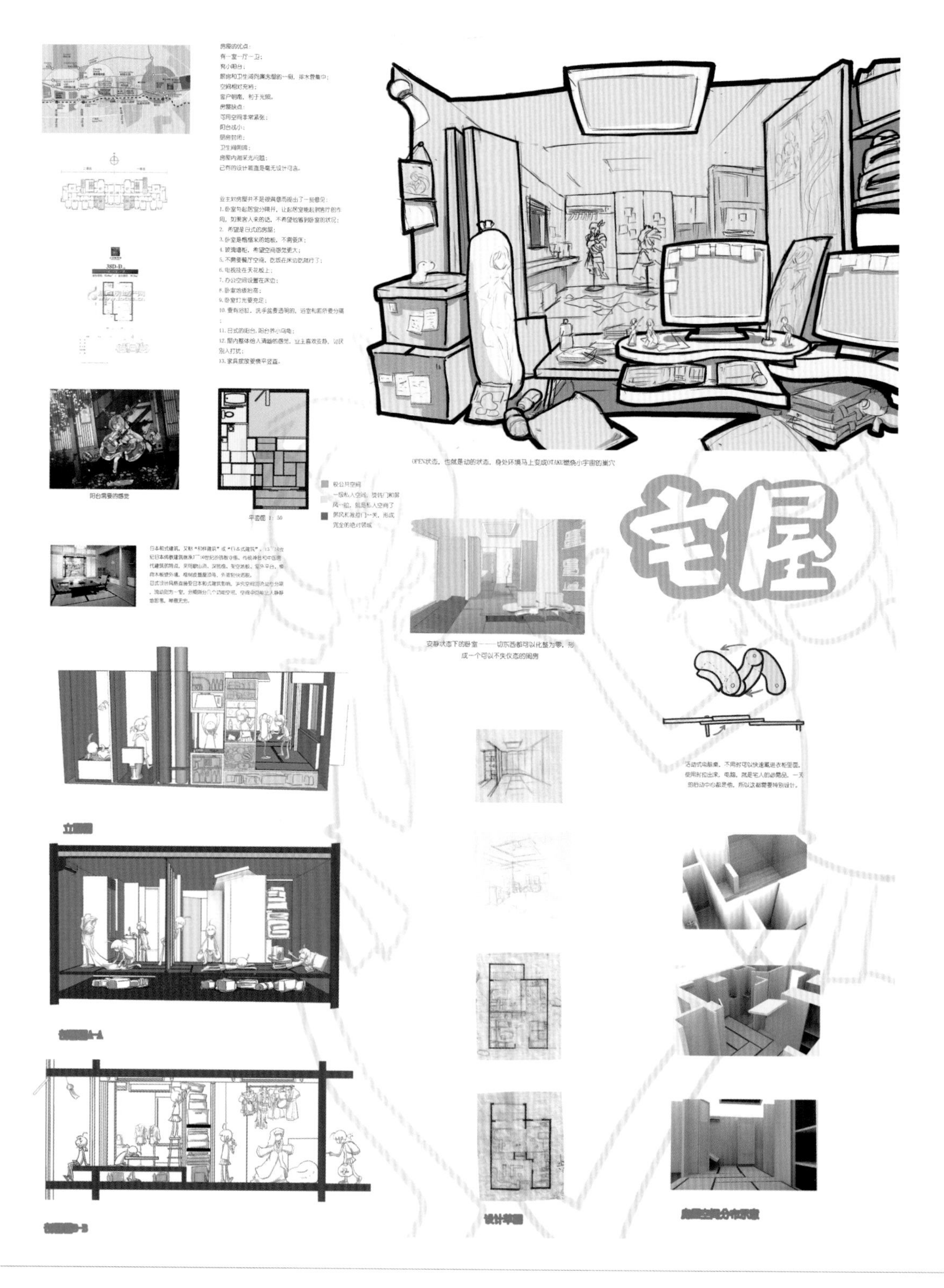

业主：万能的翔

职业：表面是时装设计师，私底下是个宅人

年龄：19～22岁之间

性别：女

爱好：A、C、cosplay

喜欢的颜色：粉红（人民币上的颜色）

房屋的优点：

有一室一厅一卫；

有小阳台；

厨房和卫生间同属房屋的一侧，排水管集中；

空间相对充裕；

窗户朝南，利于光照。

房屋缺点：

可用空间非常紧张；

阳台忒小；

厨房封闭；

卫生间阴暗；

房屋内测采光问题；

已有的设计简直是毫无设计可言。

业主对房屋并不是很满意而提出了一些意见：

1. 卧室与起居室分隔开，让起居室能起到客厅的作用，如果客人来的话，不希望他看到卧室的状况；

2. 希望是日式的房屋；

OPEN状态下，业主的宅魂全开，尽情享受自己制作的服装，进入角色，体会ACG的3次元乐趣

——为OTAKU而设计

业主：万能的翔
职业：表面是时装设计师，私底下是个宅人
年龄：19~22之间
性别：女
爱好：A、C、cosplay
喜欢的颜色：粉红（人民币上的颜色）

室内内部空间流动分析，从中间位置的大门进入，可以直达房屋的每一个角落。作为宅人，这种方便性应当保留。

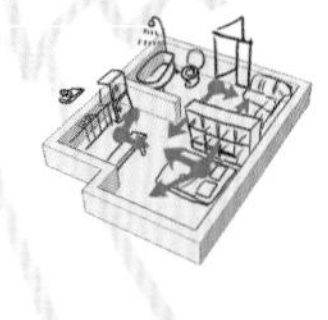

房屋主要活动区视点，长时间对着显示器，眼睛需要休息，从业主的健康角度着想或是从一个房屋的设计来讲，关键的3个地方都应该特别考虑。

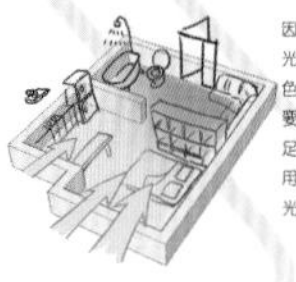

因为房屋朝南，所以应该尽量考虑自然光；黄色区域属于有良好光线地区，紫色为光照缺乏区，为了宅人的健康，主要活动区——卧室、工作室应该在有充足日照的地方，屋子内部干脆分割，采用灯光，因为业主有不少收藏品都是怕光的，正好一举两得。

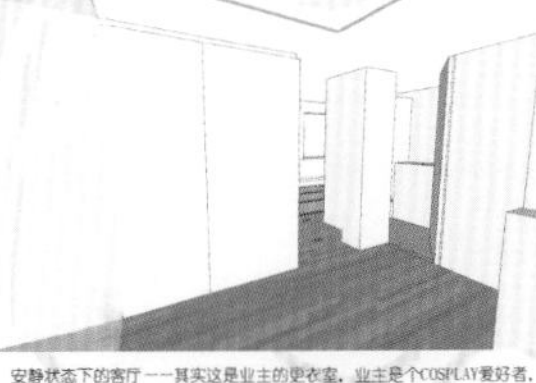

安静状态下的客厅——其实这是业主的更衣室，业主是个COSPLAY爱好者，同时是个比较专业的COSER，这里可以放置COSPLAY时的道具服装。

凌晨时分，光线不足，也没有人使用洗手间，天花板毛玻璃内的灯也处于关闭状态。

清晨，光线照射进来

业主又一次睡过头，走进卫生间，这是当然打开这片区域的灯光，因为还是迷糊状态，把光线设置成白灯比较方便。

清晨来个沐浴是个绝好的主意，但是一般的浴室没法满足到业主的挑剔喜好，特殊设计的天花板灯光可以创造出业主最爱的粉色变异环境。

3. 卧室是榻榻米的地板，不需要床；
4. 玻璃墙柜，希望空间感觉更大；
5. 不需要餐厅空间，吃饭在床边吃就行了；
6. 电视挂在天花板上；
7. 办公空间设置在床边；
8. 卧室地板抬高；
9. 卧室灯光要充足；

工作回来，已经是傍晚了

打开天花板上的区域灯光，就想上午一样的光亮

时装制作空间，旁边就是厨房

客厅没有什么家具，因为我也不喜欢别人拜访

忙碌了整天当然要洗个澡，不过这里光线……

不过控制天花板上的灯使屋内变成最喜欢的粉红色

把光线调到最大

卧室是一天的终点，当时候还早，看看风景之类的也好

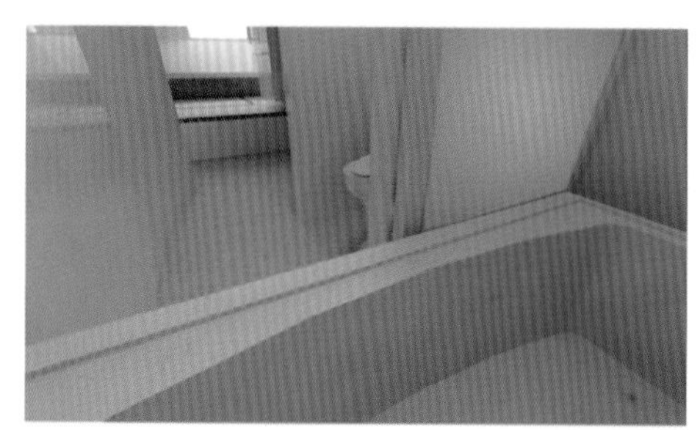
泡澡当然要关门，不过这是我的私人空间

08.黄灿州

点评：学生希望以曲线元素作为贯穿空间始终如一的内容，创造一个简洁干净的空间，介于此，功能与曲线美感之间的关系就是这个设计的重点。于是，学生认真制作了模型，通过模型的推敲，得到一个比较理想的空间答案。结果也是比较理想的。对于这个居住空间的平面草图量和模型的推敲分析，本习作都是相当充分的。

设计说明：甲方是一位职业画家，其生活是有规律的。作画、运动、音乐是业主生活的关键词，在以工作室为中心的空间导向，伴随着其余的空间，构成其整体空间。整个空间的特点是：厨房和卫生间是空间中的实体元素，书房中的书架和卧室是由与地面相连接的片面元素组成的，曲线元素始终贯穿于其中，是整个空间既通透又有音乐般的流动感。本人定位在业主规律的生活模式下为其创造新的可能，为其设计一个舒适、简洁、现代的生活空间。

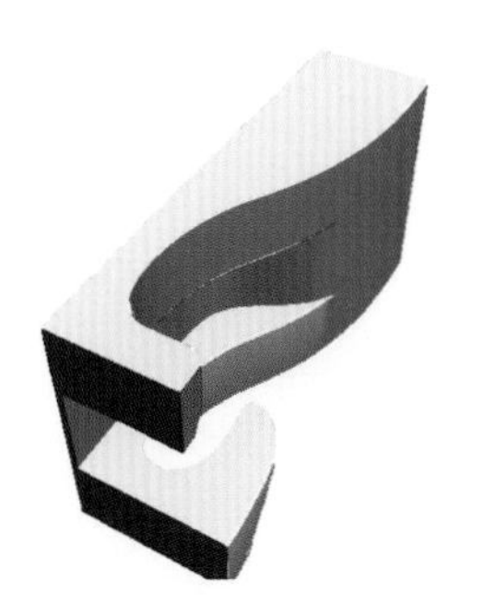

厨房与卫生间为一实体

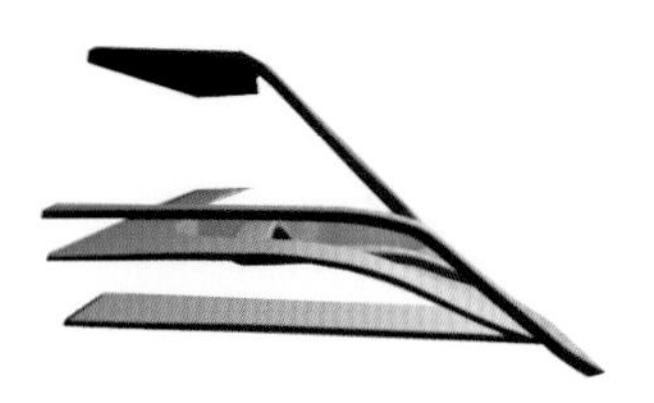

书房的书架为层层板叠加的通透的空间

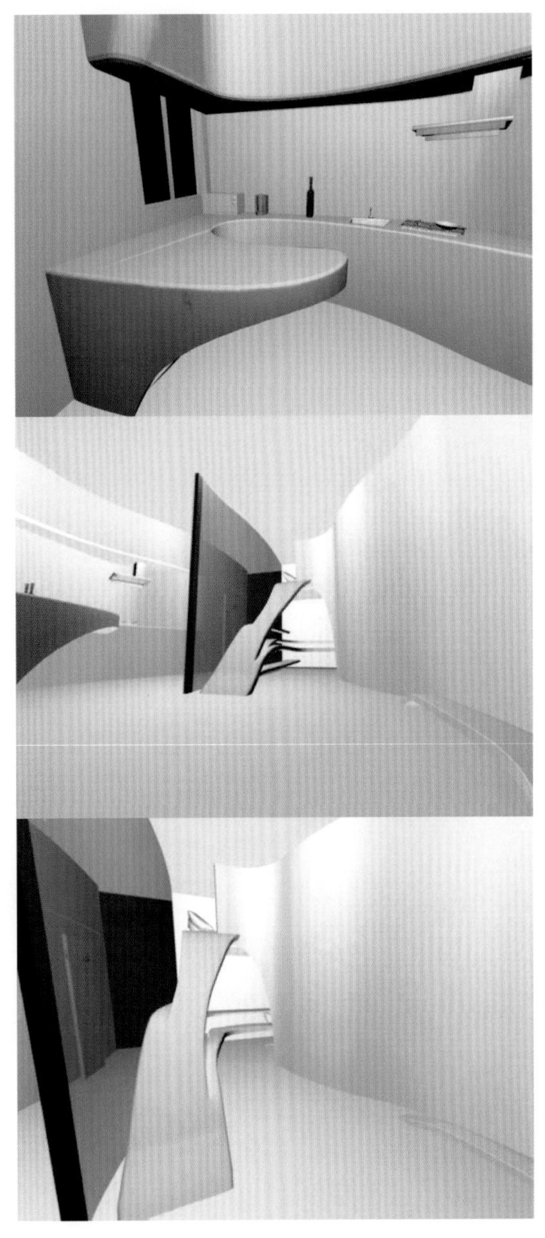

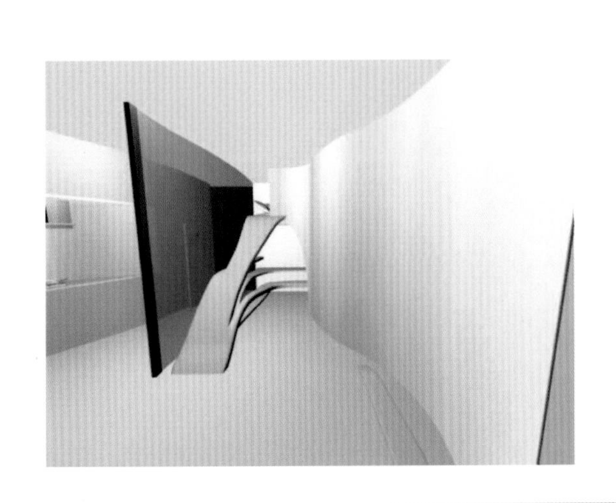

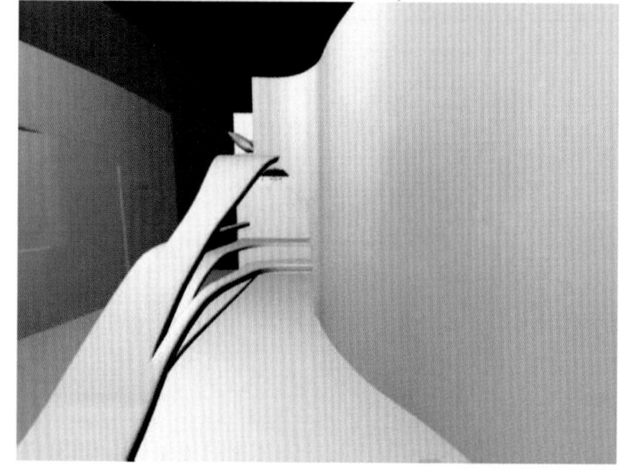

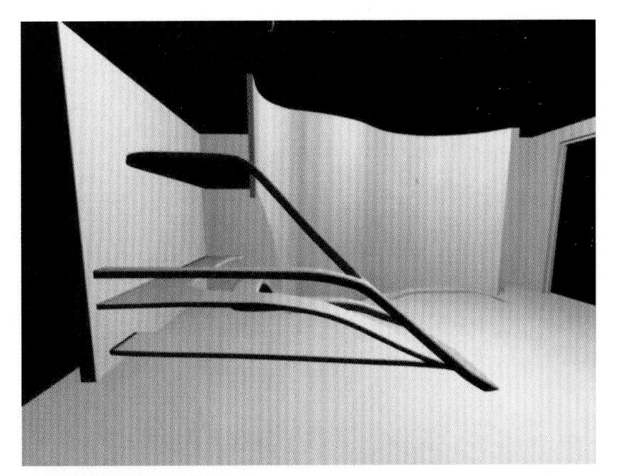

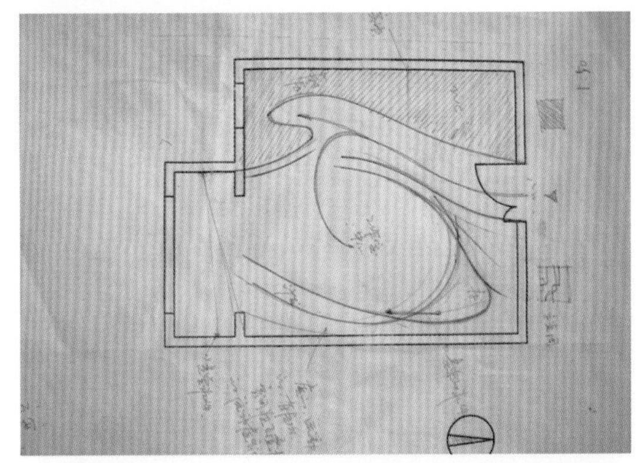

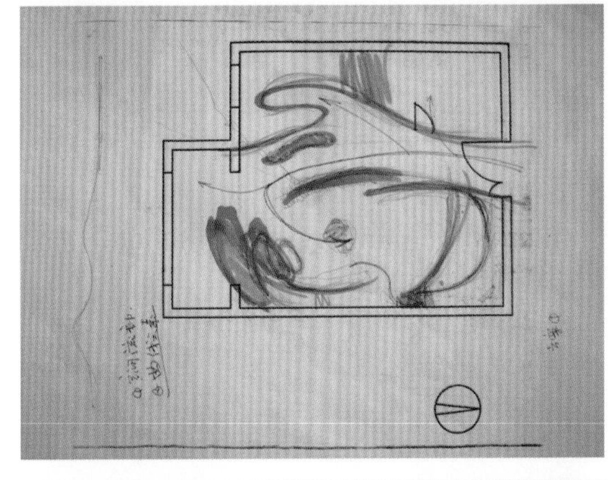

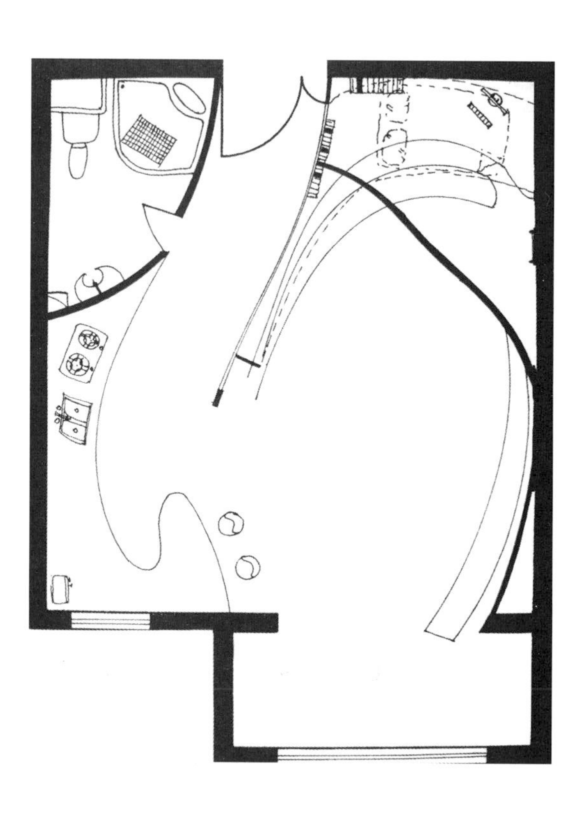

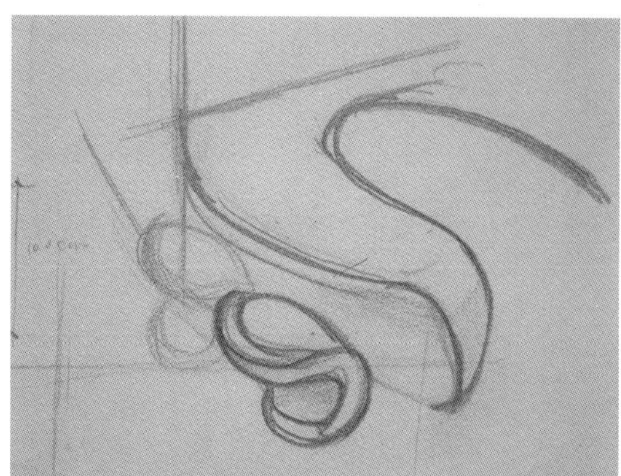

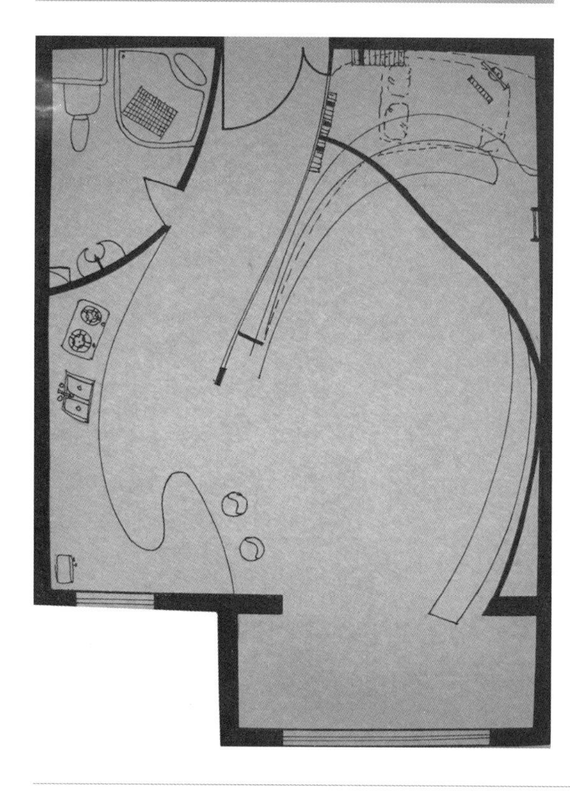

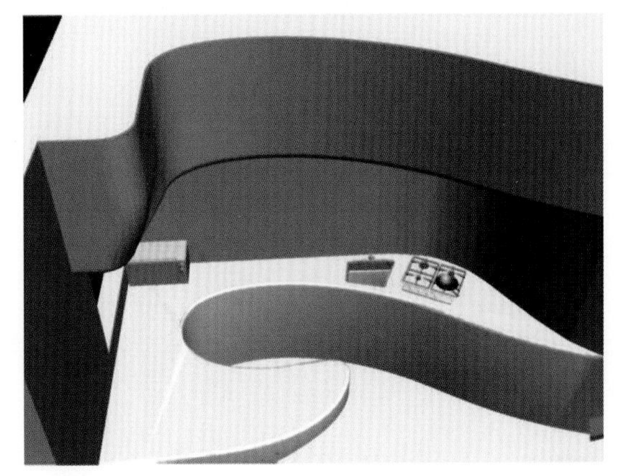

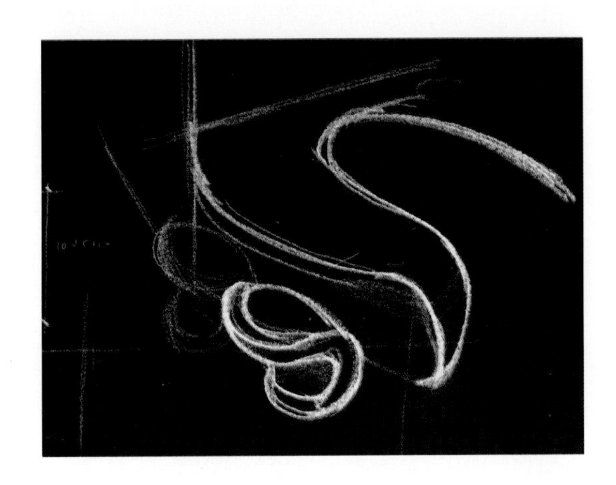

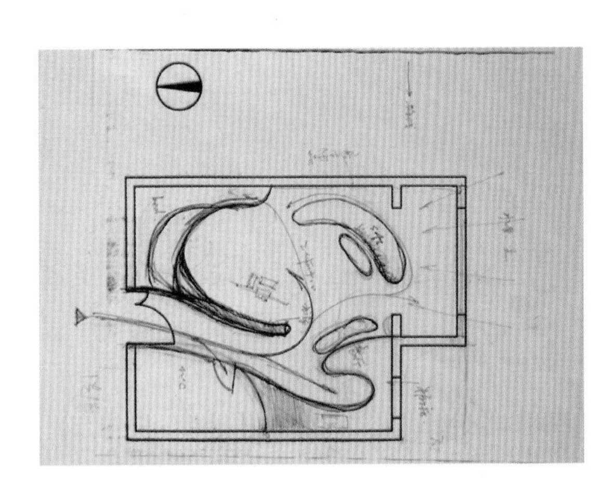

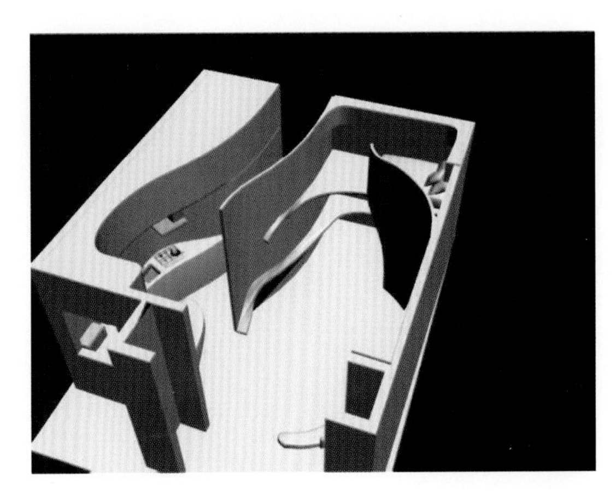

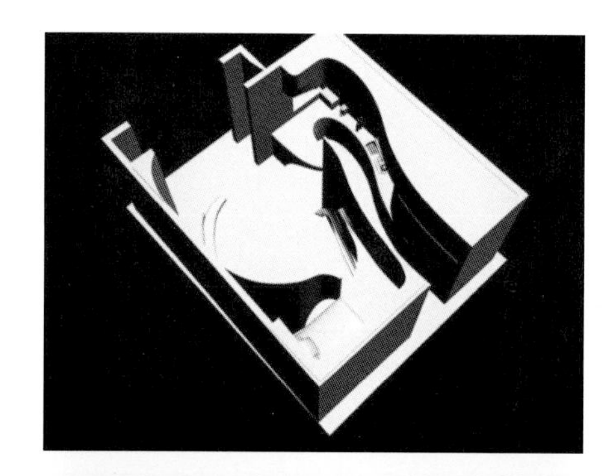
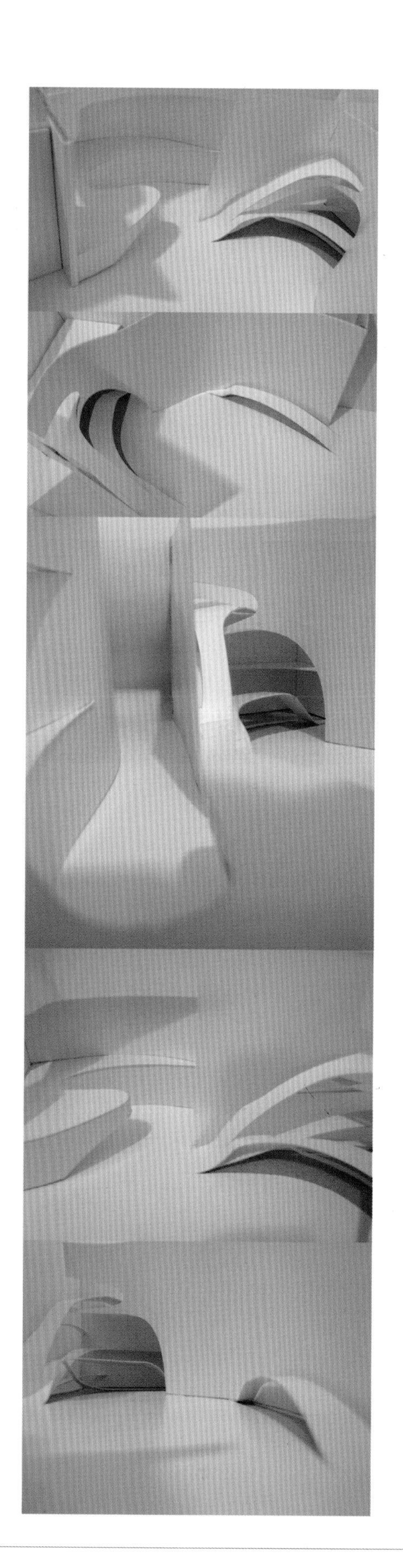
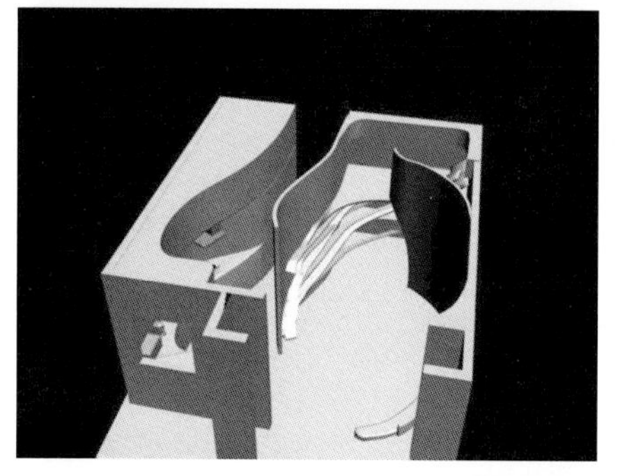
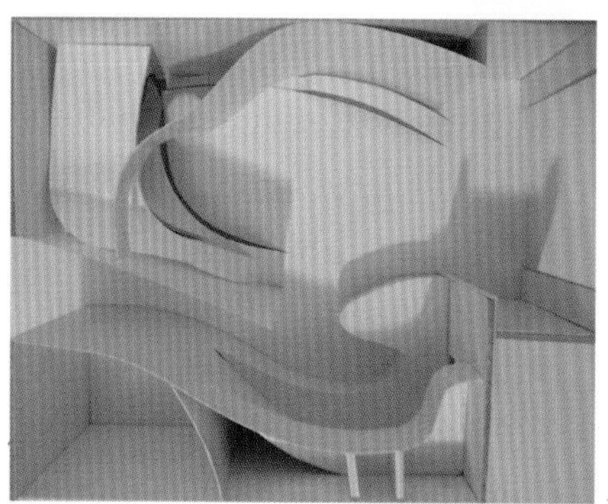

09. 焦秦

点评：习作比较注重光影效果在室内空间中所造成的氛围。因此表达图基本是渲染不同光环境下的室内氛围与效果。学生考虑到了几种光效果下的空间效果，这个是比较难得的。

设计说明：

基地介绍

本户型是明天第一城的小户型住宅，位于丽水桥附近，交通便利。

专门为单身青年设计的住宅，面积很小，但设施齐全。

面积很小，空间不易排布。

开窗朝北，采光效果不够理想。

由于室内面积紧张，总建筑面积只有约30平方米，而应业主的要求，室内又需要比较全面的功能，因此协调各种功能的排布是项重要的任务。

色彩应用主要为暖色，利用同色系间的不同颜色来制造层次感。

材质将使用亚光或高光面板、浅色石板、浅色大理石面板、磨砂玻璃、皮革、粗棉布等。

吊顶使用了整面的磨砂玻璃，后藏发光二极管(LED)阵列，室内电器灯光由小型触屏电脑控制，可以随意而轻松地控制灯光颜色、亮度甚至发光区域。可以方便地营造出各种气氛，整个系统也很节能。

10. 孔圣琪

点评：习作的表达方式是这个习作的亮点，无论从立面、平面还是透视图，利用看似不经意的线条，将设计的特质统一起来。看似随意，但是透露着对于空间细节的关注和观察。

设计说明：平面布局设计

把房间沿进深分为三个部分——起居室、工作室、卧室。工作室因其他两重空间的存在，与外界不直接接触，形成业主习惯的地下室工作感觉。

三个房间，三种状态，三类地面

卧室+休闲空间使用木地板

……温暖舒适

工作空间的水泥地面

……不易损坏，随意涂鸦

起居室+开放厨房

……洁净且清洁方便

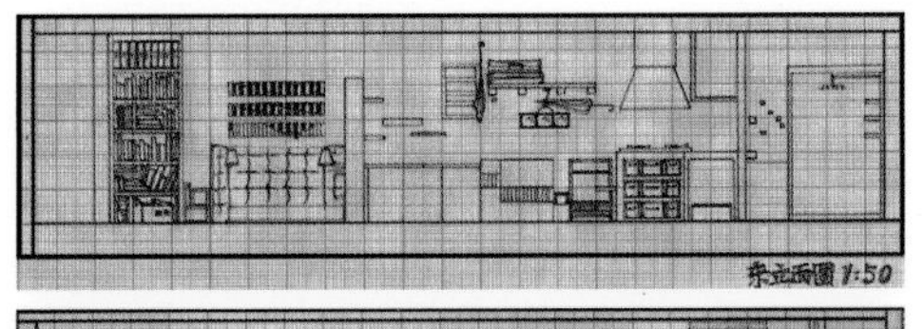

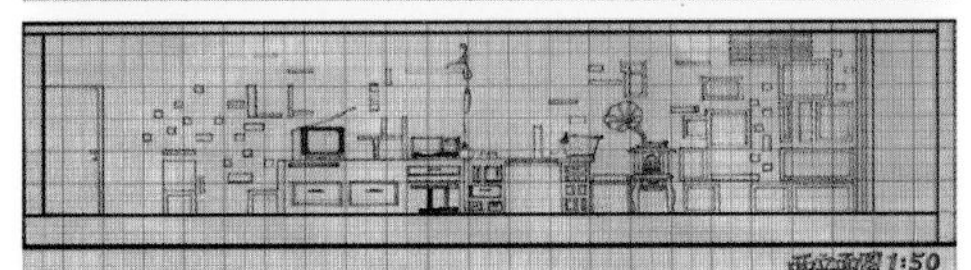

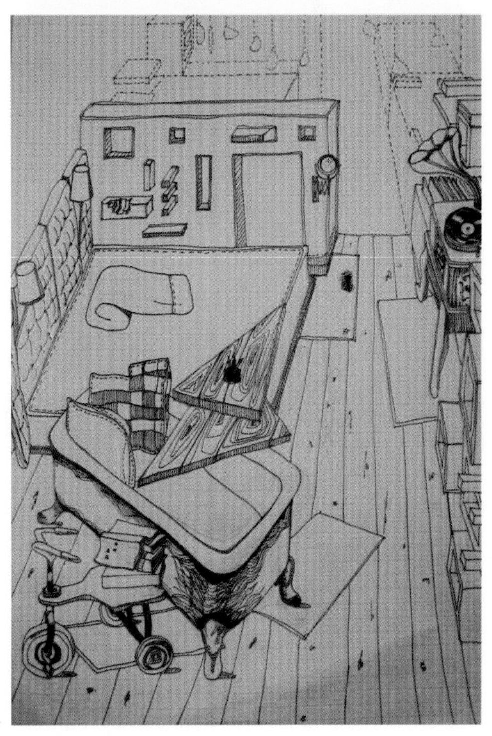

11. 孔圣琪

点评：同样是一个利用模型表达设计的习作。习作中的模型将学生考虑的一些空间设计点，都基本充分地表达出来了。虽然有的细节略显粗糙，但是整个设计的布局与空间布置已经跃然纸上。

设计说明：本案位于望京悠乐汇，套内面积约31.52平方米。业主单身，平时会有朋友拜访。设计的定位是自然舒适，因此采用连续家具，连续弧墙进行一体化设计，既满足了功能的多样性，也营造出和谐整体的空间体验。（详见下图分析）

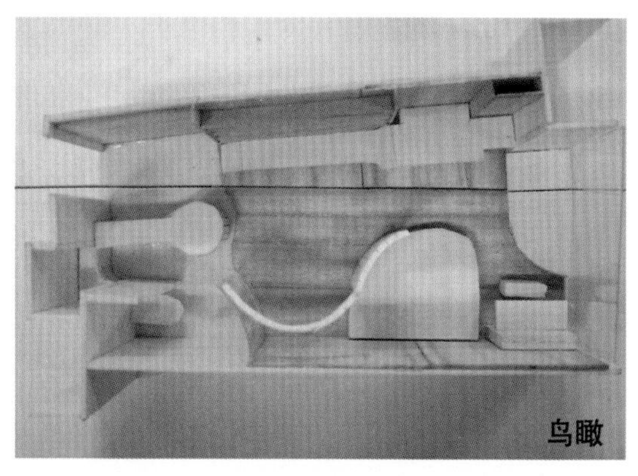
鸟瞰

剖面A

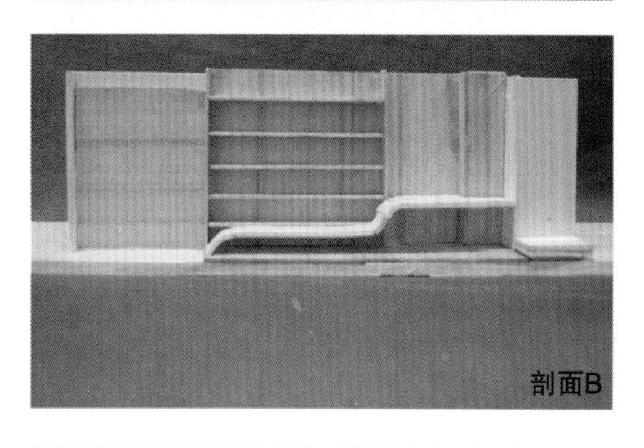
剖面B

12. 李理

点评：学生通过模型的制作，加之光影效果的搭配，模拟出很多不同时间段下，这一小居住空间的不同空间体验。特别要提到的是，模型中有人型尺寸的充分考量。假想使用者因为正处在叛逆期，设计者特别提出了分享空间这一尝试，为这一时期特殊人群的空间交流形式提出了一种探讨。

设计说明：

业主是17岁的高中生孟克柔与妈妈。17岁正是青春叛逆的时期，很需要与大人沟通，在设计中考虑到这一点，做了许多“分享”的空间与家具设计。这样，在住得舒服之外，更能促使母女间的交流与沟通，让小克柔可以更好地成长。

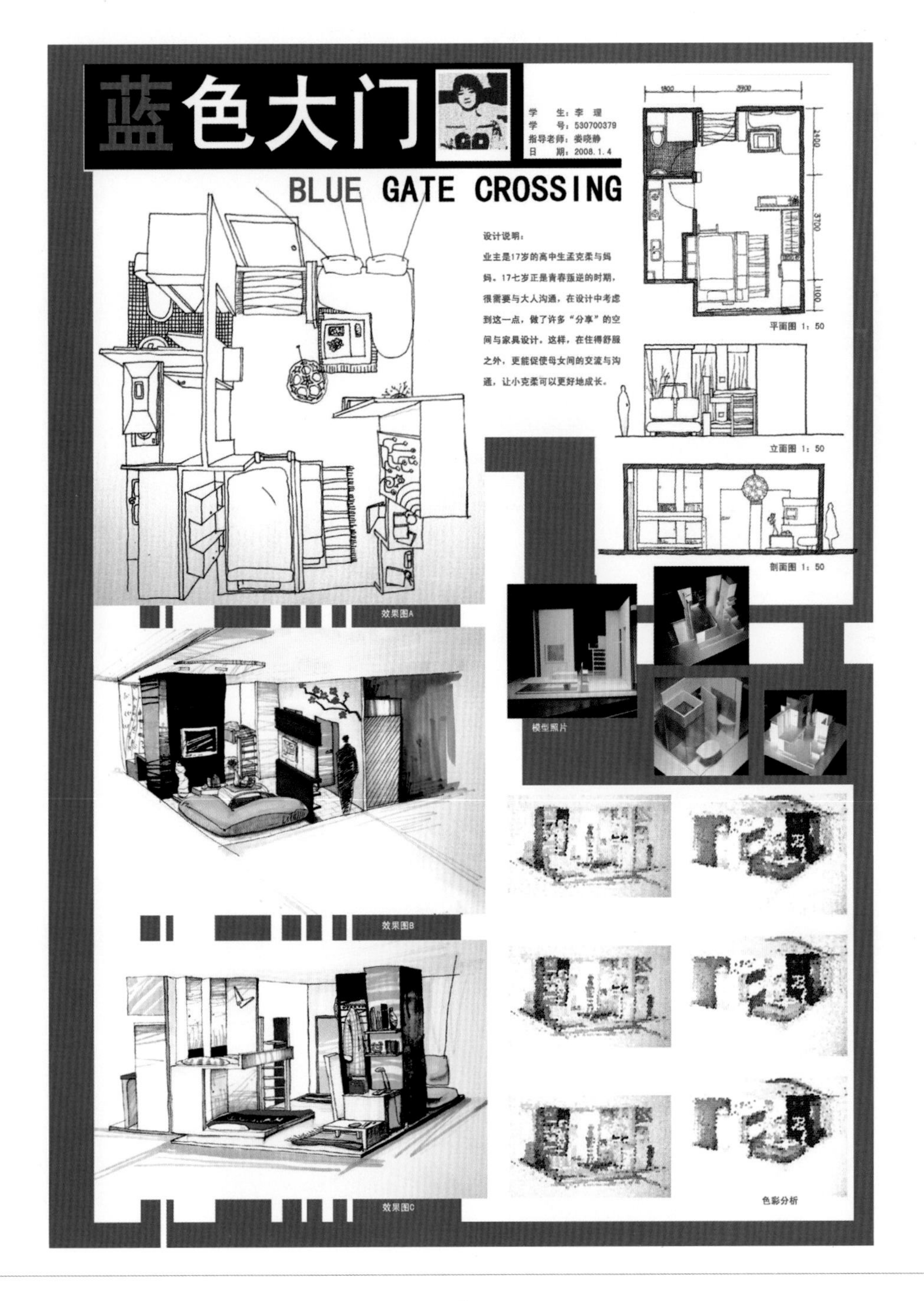

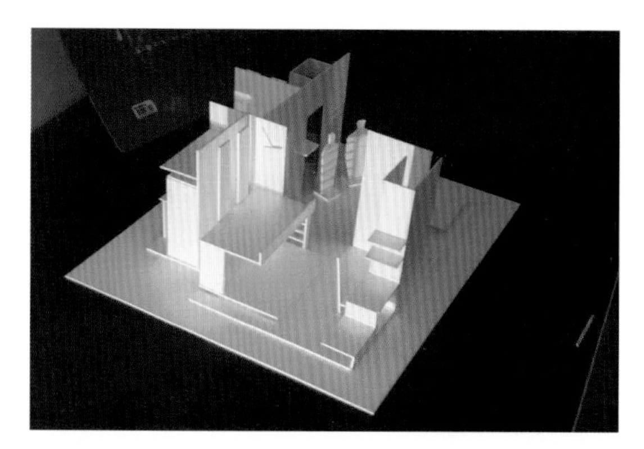

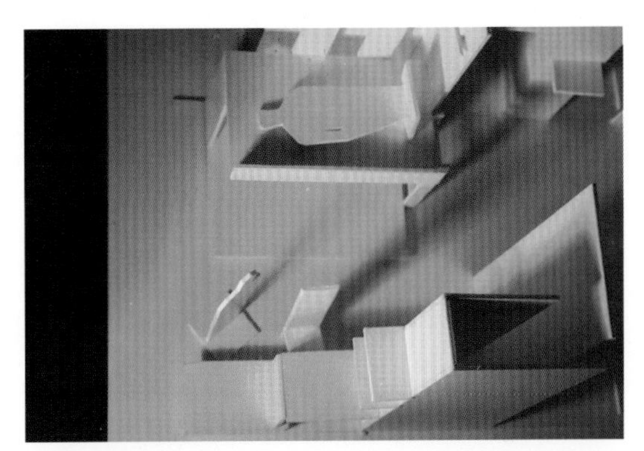

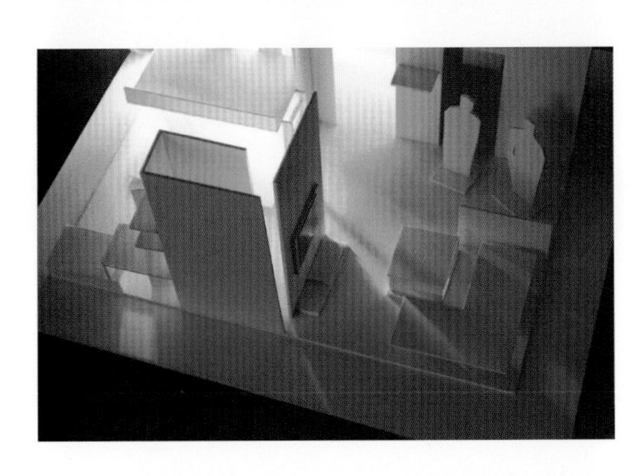

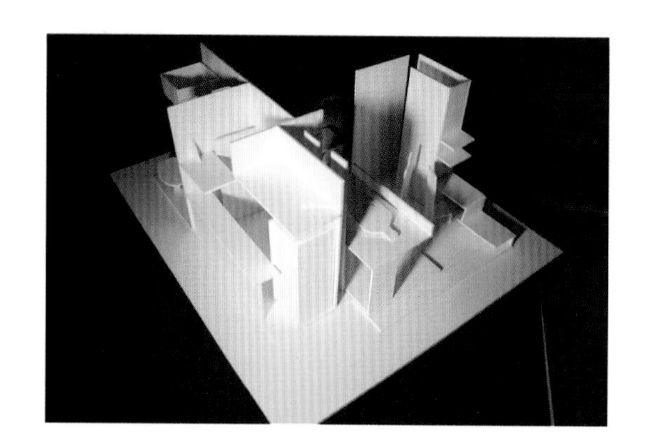

13. 李璐祎

点评：通过对于户型的分析，学生希望创造一个完全自我的空间，封闭安逸纯净。因此，学生特别注意空间上的气质表达，将空间的安逸与室内的光环境表达紧紧结合，营造了一个比较符合学生意向的空间表达。

设计特点：小长宅室内设计

一个洗澡时可以沐浴阳光的地方

一个没有空间隔离的地方

一个自己的地方

14. 杨冰

点评：使用者希望减少办公空间与厨房的空间，尽可能强化浴室与居住空间的空间力度与日照品质。因此，这一户型的休闲区域范围被大大扩大了，并保证了阳光的最大限度照射。学生的表达以手绘为主，将空间的气氛通过素描的方式表达得比较成熟。

设计说明：业主为单身青年，对办公空间和厨房需求不大。希望浴室和居室空间更加开敞。设计上引进更多的自然光，使得业主工作一天回到家更多地感受到被阳光普照过的“心情小窝”。因此，选有南向开窗的户型，为北京新天地。

室内效果图说明：室内使用原生木作为主要的格调，营造出一种更加舒适、随性、优雅的感觉。房间内不再有实体的隔断。在进入浴室的仅有的一道墙也使用半透明玻璃，使得原本较小的空间变得更加趣味、自由。

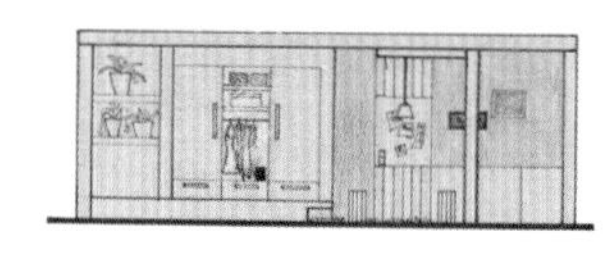

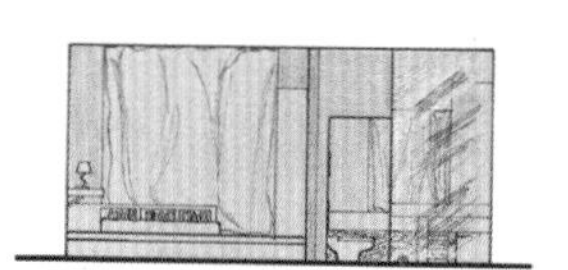

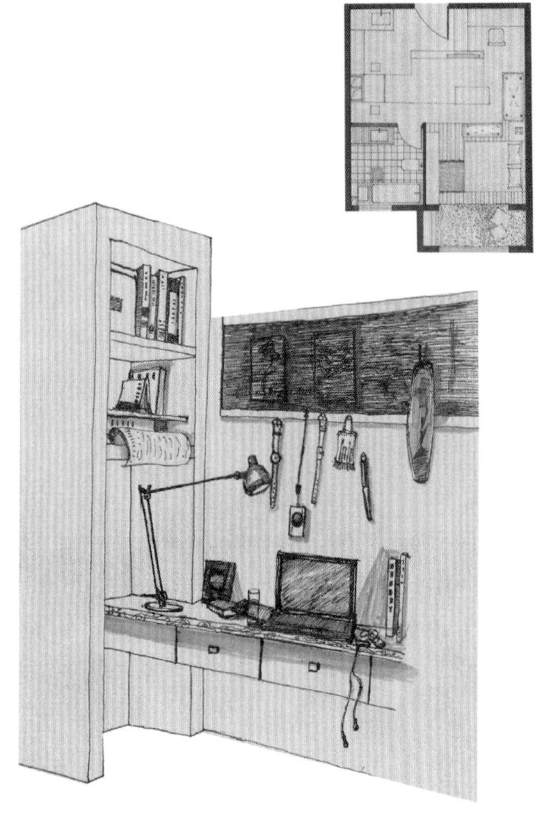

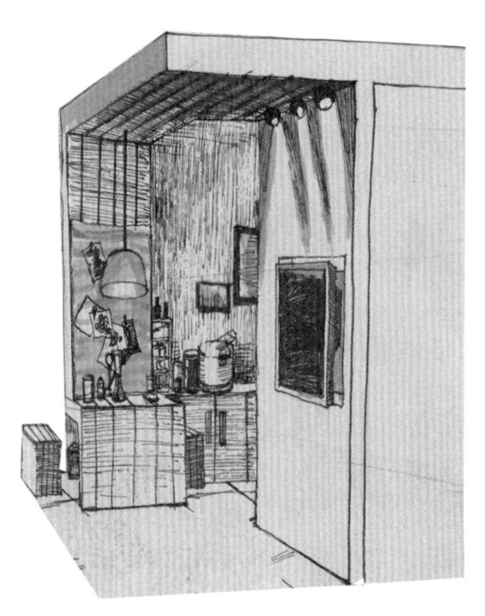

工作台效果图

15. 赵琦

点评：从使用者的喜好出发，希望在空间中增加可变化的可能性。因此，引入了布帘这一元素，以布帘作为空间临时变化的分割体，表达出了一个变化丰富的小居住空间。

设计说明：

1业主分析：

业主有两人，男性，都是单身青年，两人是好朋友。由于工作学习情况不同，两人的生活习惯也有所不同。两人有个共同的爱好是喜欢侦探漫画，小说。

关键词：朋友两人 习惯有异 侦探漫画

2基础设计意向：

侦探漫画，小说的引人之处就是其中的悬念，以及对悬念做出的假设并寻找证据得出结论的过程。

所以作者希望在房间里制造出“悬念”，并将“悬念”融入业主的生活；又鉴于两个人的好朋友关系与生活习惯的不同，房间里既有各自的空间，又有公共的空间；同时因为户型较小，不适于过多分割，所以作者选用“布帘”作为装饰材料。“布帘”本身具有柔软，可收拉的特点，这就使房间里增加了几种状态。拉开的“布帘”遮挡视线，可以用来分割空间，同时可以根据需要，分割出不同的空间，使人产生不同的感受；收起的“布帘”可以在房间中任意分布，视觉效果如一根根柱子垂在房间中，局部遮挡视线的作用，随着人的行动位移，可以看到的景致也随着变化，正如产生了“悬念”，随着时间的推移与业主的参与，看到了事情的“真相”的过程，增加了生活中的乐趣。同时，使整个设计与“时间维度”产生联系，整体就成为了一个可以变化的四维空间。

关键词：悬念空间 布帘遮挡 时间维度

可变状态：

拉合—起居与卧室互不干扰

拉开—整和的大空间空间早一开一合中有了变化，对应不同的生活状态

视觉效果：

拉合—可以起隐藏作用，使整个空间效果浑然一体，但帘布本身的纹理与蓬松感又不会使空间过于单调；

拉开—便露出被遮挡的物体，这样就变换了一种视觉效果，房间里的大气简洁的家具与有机，无序，繁杂的帘布形成对比，相得益彰

帘布与非帘布：

帘布的增加是这个房间的特点，与没有帘布的房间相比，此房间因有了帘布而增加了空间层次，将一个本身不大的房间进行了空间分割，又因布的柔软灵动的特点，分割后的小空间似乎又有着联系，整个无论在使用上还是在视觉效果上都有着”谜“一样的特点，正如业主所喜欢的神探故事的”悬念“一般。

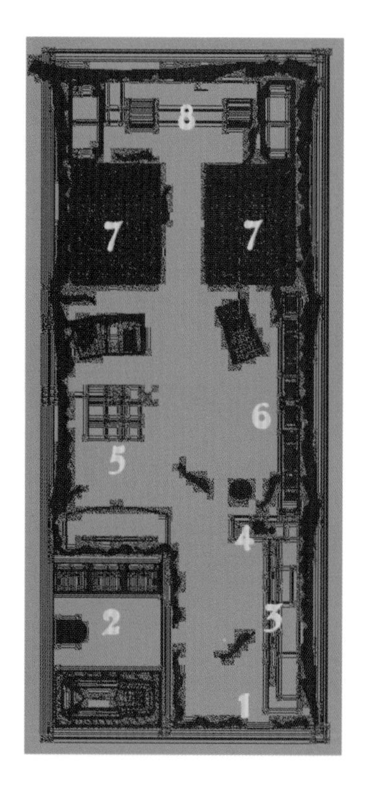
8
7
7
6
5
4
3
2
1

16. 林凡榆

点评：本学生对于课程投入了巨大的热情与专注。缜密的前期使用者分析、对应着分析渗透到空间中的思考过程、草模推敲、最终分析梳理方案。从作业的图纸量可以看出学生清晰的方案思考过程。对于这个课程，学生可能学到的不仅是一个空间类型的设计，还有对于设计流程的掌握。

设计说明:

分析使用者特性:

生活的重点:享受

最喜欢的姿势：躺着

最喜欢的颜色：橘黄色、白色、黑色、和谐的颜色都喜欢、火星色

喜欢的形状:三角形(希望运用于住宅中)

喜爱的事物:电子产品，宠物，火星上的可爱小植物

喜欢的风格:风格迥异、简洁、有个人气息的

吃东西的方式:自己可以制作简单的西餐（其实火星人不用吃）

与爱狗的关系：相互独立又不分离

住宅要求

居住时间 ：短期　才来到地球的两个星期

面积　35～50平方米

基调：黑暗，暗光，幽静，神奇

进入房间的感觉 ：可以让自己原形毕露

特殊要求：主要就是视觉空间大，可以望见火星，足够的空间放置变换用的零件（胳膊啊、腿啊）

活动要求

主要活动的名称和功能：睡觉，做梦

次要活动的名称和功能：工作，联络火星伙伴

分析活动性质:晚上、安静、私人抑或小群体

家具设备要求

数量 /类型/风格 :隐秘在墙体中的任何实用家具，带着幽谧的发光体

布置： 灵活的布置 每天都可以变换感觉

设计设想

豪放

三角形

简洁 有个人气息

可以让自己原形毕露

视觉空间大

隐秘在墙体中的任何实用家具

以简洁粗犷的直线与三角形元素构成大基调，一进门就感觉来到自己的世界

将家具与墙体等环境通过统一的风格，直线与三角的元素连在一起

适当置入反光或透明的材料，扩大视觉空间

表达的是黑暗　设计的是光

黑暗是主题 光是线索　窗是载体

控制光线强弱，入射的方式，光传播的路径，以及反射的材料

从墙面细小的窄缝到深深的凹洞配合整体的直线与三角布置着各种形状的箭窗，表现了墙体的厚度并在室内创造出镶嵌般的光线效果。日光刺破墙面照射进黑暗幽静的空间中，产生奇幻的气氛。

使业主感到安全与温馨，卧室开启一扇较大的窗，使她能透过厚厚的覆膜，望到远处夜空的火星。

配上精心设计的灯具。

主要色调以白色为主，通过变化光强弱和颜色，变换整个空间的感觉。

简洁大气的直线与三角形元素配上可爱的装饰（植物等）点缀。

以墙体，家具雕刻空间，灵活布置，考虑使其局部镜像或倒置。

同时利用实体与虚体部分，结合人体尺度和狗的尺度，试图将空间的正负形体的关系与主人和爱狗的关系联系起来（如正空间提供主人使用，负空间提供狗使用，满足他们相互独立又不分离）。

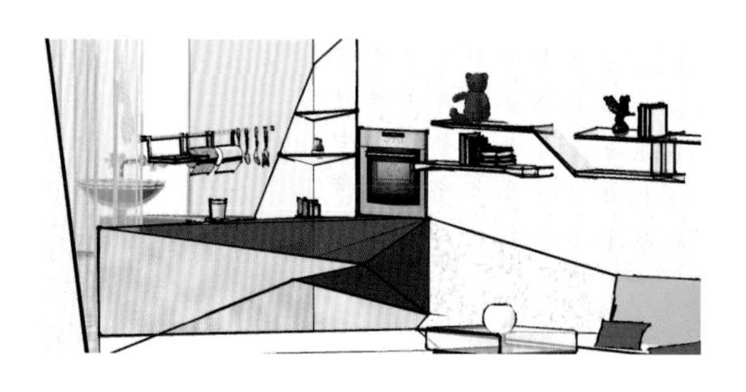

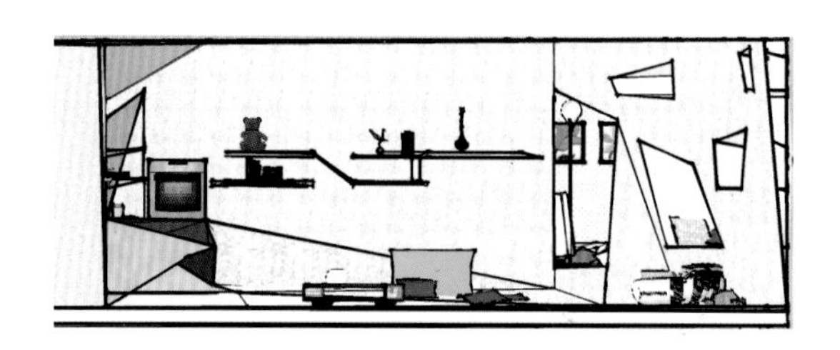

[复习参考题]

◎ 挑选其中一份作业进行点评，并以小组形式集中讨论作业的优缺点以及如果是你将如何做这份作业。